自製無添加的
「魔法調味料」

102 道

短時、美味又安心的絕品料理

安部 司 著／中村隆子 料理

大境文化

以「專家的偷吃步」，
傳授令人驚喜的簡單方法
超短時間就能完成美味料理！

只要有「魔法調味料」，不想下廚的日子也能火速完成！

「日式家常菜」很難嗎？

自從寫下『恐怖的食品添加物』後經過了 15 餘年。

『恐怖的食品添加物』是一本闡述我們每日吃下的食品，到底使用了多少添加物？而這些添加物不知不覺中滲透到日本飲食文化中的書，此書以我自己都倍感驚訝的銷售量，成為了發行量突破 70 萬本的暢銷書，不斷的再版。

在書熱賣的同時，我也有了應邀參加演講、食育等相關演討會，在全國巡迴的機會。

在這些場合中，生養子女的家長們，必然會問的一個問題就是：「那麼應該要吃什麼才好？」「應該給自己、以及孩子們提供什麼樣的食物才好」的問題。

針對這樣的問題，我有一個固定的答案。

「日式家常菜，請吃自己在家做的、極為普通的簡單菜色」

這樣的答案我說了不知道多少次。

但是，在我這樣回答後，說是必定會有也不誇張，一定有「做日式家常菜很麻煩…」的聲音出現。

「不知道該怎樣取高湯」「要洗的餐具增加了、收拾善後很辛苦」「菜色搭配感覺好難」「不知道要怎樣調味」等等的意見，其實經常會出現。

在這個時候，我開始注意到「在一般家庭中，無法做出『複雜的料理』」這樣的事實。

以「請做極為普通的日式家常菜」回答的我，並沒有給出解決問題的答案。面對這樣的結論，我也感到非常驚訝。

吃到熱飯糰的孩子們說
「原來飯糰是這樣美味啊！」

隨手添加一點就可以完成一道菜的「〇〇之素」，或以「調味包」加工烹調，就可以算是「在家吃飯」這類型的商品，眾所周知突然間大賣。

人氣料理家以添加了「高湯粉」或「化學調味料（鮮味調味料）」的食譜書，高調的問世。

某天我到育兒園參加食育講座時，發生了一件令我感到衝擊的事。

在參與講座時做了「佃煮柴魚昆布飯糰」，五歲的孩子吃了飯糰感動的說「飯糰是這樣美味啊」，育兒園老師抱著孩子感動的說「真是太好了」。原來這個孩子是自出生，第一次吃到「家庭自製的溫熱飯糰」啊。

事實就是、不論是飯糰或者味噌湯，這些菜色漸漸的連一般家庭也不做了，取而代之的是便利店或市售的既成品。連「極為普通的日式家常菜」，在日常生活中隨手可作的菜色，也變成了高難度的料理。

自身著手進行食譜開發的理由

「這樣下去可不得了...」

產生這樣危機感的我，開始著手進行食譜的開發。

雖說如此，若是像以前一樣麻煩的作法，我想誰也不會接受。耗時費工之下所製作的料理當然一定很美味，但是那就變成了「職人技術」的世界，也就不是家庭料理了。

該怎麼樣才能夠「偷吃步也能重現道地的風味」就是最大的重點，同時也是最大的困難之處。

不過我有「秘密武器」，那就是獨一無二我的「味覺」。

我在食品添加物專門企業，成為超級業務員那幾年發生的故事，在『恐怖的食品添加物』有詳細介紹。那幾年，並不是只做添加物，也開發「使用添加物的加工食品」，成為主力商品販賣。

當時合計約有300種以上的商品問世。「濃厚高湯」「營業用煮物」「調味胡椒鹽」等許多熱銷商品。

提到這些商品該如何開發，就是吃遍高級料理店，以自己的舌頭記住味道，再加上研究人氣料理家的食譜，徹底的以『自己的舌頭』分析「味道的構成」。

而最後，再將這些「味道的秘密」一個一個以『食品添加物替換重現』的作業。

這樣一來，便宜的材料，也可以食品添加物完美重現美味，只需要最初1/10的價格就可以製造出商品。例如漢堡等1個僅需6日圓就能完成。

因為自己經手造成了『日本飲食文化的崩壞』，如今對我來說，雖是極欲想要抹去的過往，但是我卻將當時的經驗活用。由於「味道的構成」、「食譜的重點」我瞭若指掌，只需將這些味道一個一個以「家庭可以製作的東西」替換重現。

在這樣的開發之下，就有了本書中提出的5種「魔法調味料」，以及使用這些調味料所製作的各種食譜。『恐怖的食品添加物』一書擔任編輯的中里有吾總編輯，讚不絕口的「魔法的烤肉醬」（P32），也是我在高級餐廳中吃過的燒肉醬汁，以「味覺」一個一個破解出來後，再現的配方。

同樣讓參與此書的田中順子小姐感動的「極品和風漢堡」（P23），則是我將一般製作漢堡時所使用的「麵包粉」改成「麵筋」（麩）的食譜。使用麵筋的理由是，吸水性更好，讓冷凍時所產生的組織液不會造成影響，就算是做起來放著也很好吃。不僅如此，也不會攝取到市售麵包粉中所含有的食品添加物。諸如此類「食品專家」的技巧，在本書的食譜中非常多。

「就算是偷吃步，也能做出專家般的味道」正是這本食譜最大的重點。

我有信心，這絕非是食品添加物的味道可以比擬，享受「道地風味」世界第一美味的「專家偷吃步日式家常菜」。

5種「魔法調味料」是哪些？

所謂的5種「魔法調味料」就是──只需要先將這些調味料準備好，任誰都可以做出超簡單不失敗的美味「日式家常菜」，簡單說就是「無添加＋超省時日式家常菜」

就是以下的這5種。

1 萬能醬
2 味醂酒
3 甘醋
4 甘味噌
5 洋蔥醋

以上5種，是我從業48年以上的經驗製作而成『自傲的黃金比例』。

魔法調味料最大優點就是，僅使用這些「魔法調味料」就可以做出，彷彿花了許多工序，味道層次豐富、長時間調理般，有深度的風味。

不僅如此，所有準備都可以在10分鐘內做好，也可以長期保存。

僅需要有這5種「魔法調味料」，日式家常菜便可以一口氣變成「省時料理」，忙碌的日子裡也可以做出健康美味，充滿滿足感的「道地料理」，也就是「極致的快速日式家常菜」。

此外，這些多半是使用冰箱中的材料，就可以快速製作的菜色，不僅「減少食物浪費」，對荷包也非常友善。

我們再仔細的看一下這些材料，不論是味噌或是醬油、醋、味醂等調味料，都是「發酵食品」。所謂的「發酵食品」不單只是讓料理的鮮味增加，對於「維持健康」以及「提升免疫力」，都是效果可期而廣受注目的食品。

也可以說，這些是

◉ 簡單、省時、不浪費

◉ 提升免疫力、有助於維持健康、對身體好

◉ 活用山珍、海味、大地的各種素材與美味

◉ 節約、減少食物浪費

充滿各種優點的調味料，所以才稱之為「魔法」。

本書是從『恐怖的食品添加物』上市以來，這**15年間所積攢下來龐大的食譜中，選出符合使用「魔法調味料」，並且保證「超級方便」「絕對好吃」條件下的102道自信之作**，介紹給大家。

這102道菜色，從我自己的家人朋友開始，以及我在全國參加食育活動中所認識的各方人士，都有極高的評價，與孩子們一起動手作「超級方便」「絕對好吃」，各種好評不斷。

不論是「日式家常菜」的基本，「高湯」的作法，推薦擁有的調理器具，做好非常方便的常備菜，讓料理更上一層樓，日式香料的保存方法等，在本書都會詳細介紹。

料理不需奮力、也不是義務。

家人們笑容滿面的說出「真好吃」的時候，「歡樂＝幸福」的連結，變成了「謝謝」這樣感謝的言語，**請讓做菜這件事與吃東西一樣，讓人感到享受。**

透過本書，也希望有更多人可以體會日本的傳統調味料與「日式家常菜」的優秀之處，於此同時，如果可以，為各位在實踐健康與享受多彩飲食生活時盡一份心力，那便是我最大的榮幸。

CONTENTS

真的應該放入最棒的10道配方中
讓肉美味10倍
大感動的燒肉醬 …………………32

● 濃郁中帶著高雅的味道！非常微妙！
　不想告訴別人的密傳食譜
　令人大大感動 魔法的燒肉醬

● 以蘋果的酸味與甜味，讓味道更溫潤
　溫潤蘋果燒肉醬

● 以味噌胡麻讓味道更有深度
　濃厚胡麻味噌燒肉醬

● 風味清爽與多點維他命
　清爽檸檬風味燒肉醬

第5章

大量攝取！孩子們也會喜歡！
最適合當作常備菜！
『蔬菜』料理

本書的使用方法

為了讓大家能夠更方便的使用這本書，調理的重點與所需時間等
以小圖示表示，而使用何種「魔法調味料」也一目瞭然。
請愉快的讓本書，成為每日餐食的助力！

料理的初學者也能理
解，介紹烹調的訣竅
與重點

完成所需時間，大概
都在15分鐘以內！

料理的特徵與簡短的
建議

使用的魔法調味料以
底線強調標示

5種「魔法調味料」

本書所使用的調味料

萬能醬　味醂酒
甘醋　甘味噌
洋蔥醋

冷藏或冷凍等，菜色
的保存方法。保存時
效為粗估

＜需要準備的材料＞首先將材料準備好

醬油　砂糖　味噌　純米酒　本味醂　醋　洋蔥

「魔法調味料」的製作方法，第1章！

※ 食譜中有一部份為西式或中式料理。所有的菜色均使用日本自古以來的調味料製成。
使用「魔法調味料」進行變化，均收錄於「日式家常菜」分類中。

第 **1** 章

\ 只要有這5樣就OK! /

「魔法調味料」
的製作方法

首先介紹的是本書所使用的「魔法調味料」。

訣竅就是不使用化學添加物，而是讓人感到真正「美味」的調味料。

只需要這些材料，就可以簡單做出各種令人驚訝又美味的料理！

\\ 5 種 //
「魔法調味料」

3 甘醋

1 萬能醬

2 味醂酒

5 洋蔥醋

4 甘味噌

需要的材料、僅有這些

只要這5種,「所有料理」都能美味的完成!

 萬能醬

醬油與砂糖混合,只要將砂糖溶化就完成了。「和風調味」就是以這個為基礎。將此常備就可以達到省時,產生令人驚訝的簡單日式家常菜風味。使用萬能醬所製作的菜色非常多!

料理範例 馬鈴薯燉肉 親子丼 照燒鰤魚 鯛魚茶泡飯 高湯浸蔬菜 ...等

 味醂酒

想讓煮物等帶有「高雅的甜味與風味」時,所使用的「味醂酒」。與砂糖不同,帶有「發酵調味料」特有的溫潤風味,簡直就是「日式家常菜的醍醐味」!

料理範例 西京燒魚 高湯煎蛋卷 滷肉 煮鯛魚 ...等

 甘醋

在料理中加入不論大人、小孩基本上都很喜歡的「酸甜風味」。濃重的料理,僅需加上一點點,便會變得清爽,停不下筷子!

料理範例 雞肉天婦羅 竹莢魚南蠻漬 壽司 涼拌高麗菜 天津飯 ...等

 甘味噌

味噌濃郁的鮮味與澀味,賦予料理深度。當然可以直接使用,也是肉類料理等「隱味」的最佳調味料。適合搭配在各種料理中的萬能調味!

料理範例 極品和風漢堡 麻婆豆腐 味噌豬排 味噌魚碎 炸醬麵 ...等

 洋蔥醋

將材料混合後熟成而已!使用切碎的洋蔥所以不容易變色,也可以充分活用洋蔥的辣味。通常使用液體,依照料理的種類與喜好,使用碎洋蔥粒也非常美味。

料理範例 水果沙拉 淺漬 日・洋・中沙拉醬 ...等

‖ 5種「魔法調味料」的製作方法 ‖

讓我們先從製作「魔法調味料」開始吧。
不管哪一種,都是 5 ~ 10 分鐘簡單可以做好,就算是料理的初學者也沒問題!
在此使用的調味料,請參照 P20 的介紹。

❶ 萬能醬

 5分　常溫可保存 3 個月

材料 ※便於操作的份量

醬油 ……100ml(或500ml)
砂糖 ……30g(或150g)

作法 ※不含熟成時間

將砂糖與醬油放入有蓋子的保存瓶或保特瓶中,置於常溫中靜置 1 週。不時晃動瓶子以利砂糖融化。若急需使用,可使用 50℃左右的熱水,隔水加熱融化砂糖。

重點在這!

砂糖融化後可馬上使用,但靜置 1 週,可讓風味更熟成!

❷ 味醂酒

5分　冷藏可以保存 1 個月!

材料 ※便於操作的份量

本味醂 ……200ml
純米酒 ……100g

作法

1 將味醂與米酒放入鍋中,以中火煮到沸騰。

2 沸騰後轉小火,煮至刺鼻的味道消失。

3 略微降溫後,裝入有蓋子的保存瓶或保特瓶中保存。

重點在這!

不要過度加熱,是保持風味不變的重點!

❸ 甘醋

材料 ※便於操作的份量

米醋……100ml
砂糖……70g

作法

5分

常溫可保存3個月！

1 將米醋放入鍋中，以中火煮到沸騰後熄火，加入砂糖攪拌均勻。

2 略微降溫後，裝入有蓋子的保存瓶或保特瓶中保存。

重點在這！

將醋刺鼻的味道煮掉之後，放入砂糖融化，就會有溫和的風味。

---

❹ 甘味噌

材料 ※便於操作的份量

味噌……100g
　※味噌的選擇方法請參照 P82
❷的味醂酒……30ml
砂糖……20g
❶的萬能醬……1小匙

5分

常溫可保存3個月！

作法

將味噌、味醂酒、砂糖、萬能醬放入鍋中，避免焦鍋以小火加熱，小心攪拌至均質的抹醬狀。

重點在這！

可依照喜好添加1小匙紹興酒，風味會更上一層，變成更具深度的味道。

---

❺ 洋蔥醋

材料 ※便於操作的份量

洋蔥（切末）
　……1/2個（約100g）
蘋果醋……200ml

5分

冷藏可以保存1個月！

作法 ※不含熟成時間

將材料放入寬口瓶等容器中，蓋上蓋子冷藏一晚熟成，隔天可以使用。

重點在這！

將蘋果醋1/3份量以味醂取代，味道會更溫和！

日式家常菜不可或缺的「傳統調味料」

真正美味的調味料，花了很多時間製作。這些平日我們常用的調味料其實是非常深奧的東西。就算是同樣的名稱，也會有製造方法與價格上的差異，在此介紹「正確的選擇方法」請大家務必瞭解一下。

醬油

提到日式家常菜所使用的調味料，相信許多人腦海裡浮現的一定是「醬油」。

醬油本來是經過複雜手續與時間製造而來，現今就算是標示「丸大豆醬油」的商品，也是將低價的大豆粉碎後縮短釀造時間，所製造的（速釀）醬油。選購時請挑選原材料標示不含「酒精」「調味料（氨基酸等）」，挑選僅有標示「大豆、小麥、食鹽」簡單的產品。

嘗試一下
試吃醬油！
以1大匙醬油加入1杯水的比例稀釋後，試吃看看，相信可以吃出差別。

鹽

食鹽依照「原料」「濃縮法」「結晶化方法」等差異，有許多種類。價格亦有奢有儉。將這些差異以舌頭判別，是非常不簡單的事情。風味溫潤的是以傳統製法製成的「海水鹽」。「發酵」時推薦使用富含礦物質的種類；與肉類等搭配推薦使用岩鹽。

砂糖

我常說「砂糖是一種嗜好品」。意思就是依照「目的性進行選擇」，即為正確的使用方法。如果是煮物，可以挑選蔗糖等精製前的「原料糖」；如果希望有高雅的甜味，就使用「上白糖」。類似蘿蔔的植物「甜菜」，所製成的米色糖為「甜菜糖」，甜味圓潤，適合煮物或照燒料理。

酒

本書所使用的酒，均為釀造製成，不添加酒精，僅以米與米麴、水為原料的「純米酒」。因為這種酒最能體現米的鮮味與風味的深度。味道帶有主要成分乳酸等清爽的酸味，可以提升料理的風味，後韻清爽。

醋

醋的種類也是有奢有儉。廉價的穀物醋多半添加了酒精作為原料，與花費長時間釀造的醋，風味完全不同。常用於料理上的有米醋等「穀物醋」；若要作成沙拉醬，蘋果醋等「果實醋」比較適合。

味醂

推薦以傳統製法製作成的味醂。味醂風味調味料、以及發酵味醂類調味料，都是類似卻不相同的產品。

就算是純米味醂、本味醂，依照廠家不同，原料也各有差異。原料為『糯米、米麴、米燒酎』單純的種類，才是「傳統的本味醂」，富含精華成分，推薦這種。

味噌

「味噌湯」是日式家常菜的代表料理，每家風味各有不同。味噌是一種地域性強的「發酵食品」。以大分類來區分，可分為米、麥、豆3種（請參考P82）。

本書中的「甘味噌」推薦以耗時2年以上慢慢熟成，顏色較深的米味噌或豆味噌製作。

「減鹽味噌」會讓人不小心就用過量，這點需要留心一下。選購時請選擇不含添加物，原料單純的款式。

第 **2** 章

不輸職人！ 絕對美味！ 令人感動的滋味！

＼ 絕對推薦 ／

「最棒的10道配方」

大人小孩都喜歡！精挑細選「經典日式家常菜」介紹給大家！

不管哪一道都使用了「魔法調味料」，

都是在忙碌的日子裡也能快速完成的菜色。

「隱味」等小技巧也十分有效，做出令人驚嘆的好滋味。

豪邁的以大火烹調，驚人神速完成！

爆速 馬鈴薯燉肉

讓人感到麻煩的燉煮菜色
變成省時料理

15分

萬能醬 ＋ 味醂酒 only!

重點在這！

以大火加熱，利用餘熱使其
入味！

材料（2人份）

馬鈴薯（中）……4個
胡蘿蔔……1/2條
洋蔥……1個
四季豆……4根
牛肉（肉片）……200g
萬能醬……4大匙
味醂酒……2大匙
水……200ml

作法

1 馬鈴薯去皮，切成1口大小。胡蘿蔔切成1/4圓片，洋蔥切粗絲。四季豆剝除粗的纖維後切成3cm小段，肉片切成5cm大小。

2 將馬鈴薯、胡蘿蔔、洋蔥放入鍋中，牛肉放在最上面，之後加入水。

3 將萬能醬與味醂酒加入鍋中，不需要蓋蓋子，豪邁的以大火加熱，煮至湯汁剩下一半時，將所有材料混合均勻。

4 最後放入四季豆，蓋上鍋蓋，轉小火煮5分鐘。靜置片刻讓食材入味即完成。

以隱味的「甘味噌」帶出濃郁的風味，以「乾燥的麩」作為黏合材料，讓成品變得濕潤！乾燥的麩使用磨泥器等磨碎，可以讓成品口感更一致。

讓平時吃慣了的漢堡變成「有點不同」具深度的味道

極品和風漢堡

作成肉派（pâté）也堪稱極品！

15分

甘味噌 only！

做好保存 OK！
冷凍：1個月

材料（2人份）

豬牛混合絞肉 …… 200g
洋蔥 …… 1/2個
雞蛋 …… 1個
乾燥的麩 …… 3大匙
※ 充分磨成均質的碎屑
牛奶或豆漿 …… 2大匙
甘味噌 …… 1大匙
鹽、胡椒 …… 各適量
油 …… 適量
白蘿蔔泥 …… 適量
青紫蘇 …… 2片
柑橘醋 …… 適量
◉ 配菜
　蒸胡蘿蔔（圓片）與
　豌豆莢 …… 適量

作法

1 將洋蔥切碎。磨碎乾燥的麩放入缽盆中，加入牛奶或豆漿混合均勻。

2 將絞肉放入缽盆中，加入甘味噌、鹽、胡椒、調味以手混合均勻，加入步驟1與打散的蛋液，充分混合均勻。

3 將沙拉油倒入鍋中，漢堡先煎好一面，翻面後以竹籤戳洞，加熱至竹籤戳入後流出的肉汁不再混濁。

4 將漢堡以器皿裝盛，在以配菜。加上青紫蘇與白蘿蔔泥，搭配柑橘醋享用。

光澤照人、勾引食慾！
人氣 NO.1 的
日式家常魚料理

最受歡迎的魚類料理！真心無法割捨！

最經典的照燒鰤魚

10分　萬能醬　＋　味醂酒　only！

材料（2人份）

鰤魚（魚排）…… 2片

油…… 適量

◉ 醬汁

　萬能醬 …… 1大匙

　味醂酒 …… 1大匙

白蘿蔔泥 …… 適量

醋橘 …… 適量

作法

1 將鰤魚放入加了3%鹽的熱水中略微氽燙一下，以廚房紙巾擦乾表面。

2 平底鍋放油，放入鰤魚，蓋上蓋子以中火煎。

3 充分將鰤魚煎熟後，以廚房紙巾吸除鍋中多餘油份，放入調味醬汁，讓鰤魚均勻沾上調味醬汁。

4 以器皿裝盛，在以白蘿蔔泥與醋橘。

重點在這！

因為連小孩都能簡單的操作，親子一同下廚也會增加樂趣！

將雞蛋煮出「鬆軟的半熟」狀態是調理時的重點

節約料理的經典鬆軟滑嫩親子丼

5分

only！

萬能醬

有了「萬能醬」做出絕對不會失敗的親子丼

材料（2人份）

白飯 …… 2碗
雞腿肉 …… 100g
雞蛋 …… 3個（打散成蛋液）
三葉菜（山芹菜）（切小段）…… 適量

● A
　「日式高湯」…… 100ml
　※ 作法請參照 P40
　萬能醬 …… 2大匙

作法

1　雞腿肉斜切片，洋蔥切成1cm左右的粗絲備用。

2　將材料 A 放入鍋中，煮沸後轉中火放入步驟 1 煮一下。

3　將蛋液繞圈倒入鍋中，蓋上蓋子。

4　將蛋液煮至半熟狀態後熄火，倒在剛煮好的白飯上，佐以三葉菜。

清爽雞肉天麩羅

15分

洋蔥醋 + 甘醋 only！

炸物佐以甘醋，
清新爽口

材料（2人份）

雞柳……4條

● A
　輕鬆原創中華香料
　　　……適量（請參考74）
　酒……適量
　鹽、胡椒……適量

● 醬汁
　洋蔥醋
　（使用洋蔥碎的部分）
　　　……2大匙
　甘醋……1大匙

● 麵衣
　雞蛋……1/2個
　低筋麵粉……2大匙
　日本太白粉……2大匙
　水……25ml
　炸油……適量
　青紫蘇（切末）……適量

作法

1 將雞柳剔除多餘的筋。將材料 A 在缽盆中混合均勻後，放入雞柳按摩入味。取另一容器將醬汁混合均勻。

2 將麵衣材料放入缽盆中混合均勻，雞柳沾裹上麵衣，以油溫180℃下鍋油炸。

3 盛盤後淋上步驟1的醬汁，撒上青紫蘇末。

重點在這！

將大分縣名菜『雞肉天麩羅』以清爽風詮釋！使用了酸味溫和的「甘醋」，怎麼吃也吃不膩！油溫使用「廚房用溫度計」（請參考 P90）可簡單測得。炸好之後也可以冷凍保存。

重點在這！

以「萬能醬」浸泡就好！使用鯛魚以外的生魚片也一樣美味！

只需將吃剩的生魚片「浸泡」一下，就可再一次體驗美味！

2度美味
鯛魚茶泡飯

生魚片以「萬能醬」充分入味，
只要將生魚片放在冷飯上，
倒入熱高湯就可完成！

5分

※ 不含
浸泡時間

only！

萬能醬

做好保存
OK！

冷凍：1個月
※ 浸泡在萬能醬中的鯛魚

材料（2人份）

白飯 …… 2碗
鯛魚生魚片（薄片）…… 8 ～ 10片（80g）
白芝麻碎 …… 1/2小匙
「日式高湯」…… 400ml
　※ 作法請參照 P40
萬能醬 …… 2大匙
三葉菜（山芹菜）、芥末 …… 適量

作法

1 將萬能醬、白芝麻碎與鯛魚放入密封袋中，壓出空氣密封。冷藏20分鐘以上，如果有時間的話靜置一晚。
　※ 冷凍保存時請平放冷凍，這樣解凍也省時。

2 將白飯以飯碗裝盛，放上鯛魚片。依照喜好淋上浸泡的湯汁。

3 將熱熱的『日式高湯』淋在步驟**2**上，依照喜好佐以三葉菜與芥末。

調整豆瓣醬的份量，做出自己喜好的辣度

後味高雅！麻婆豆腐

15分

甘味噌 only！

「甘味噌與豆瓣醬非常搭！不再需要使用「麻婆豆腐調味包」，也可以做出極品的好味道！

重點在這！

小朋友的口味，可以在加入豆瓣醬之前先另外取出。中華料理「雞肉1：豬肉1」是黃金比率！

材料(2人份)

木棉豆腐……1塊
● A
　酒……2大匙
　醬油……2大匙
　甘味噌……1大匙
　水……200ml
胡麻油……2大匙
洋蔥(切末)……1/4個
大蒜(切末)……1瓣
生薑(切末)……1片
大蔥(切末)……10cm
「簡單和風豆瓣醬」……2小匙
　(依個人喜好添加)※作法請參照 P74
豬絞肉、雞絞肉……各100g
日本太白粉……1～2小匙　※以1倍的水調勻
大蔥(蔥白)……適量

作法

1 豆腐對半切，瀝除水氣。蔥白切絲，泡水後瀝乾作成白髮蔥絲。

2 將材料 A 混合均勻。

3 將胡麻油與大蒜、薑末放入平底鍋中，以小火炒出香氣後放入洋蔥與大蔥(蔥末)以中火拌炒均勻。

4 放入肉末，炒熟之後將步驟 1 的豆腐弄碎放入鍋中。

5 將鍋中材料炒拌炒均勻後，加入步驟 2 的調味汁，以及依照喜好加入適量的「簡單和風豆瓣醬」，最後加入以水調勻的日本太白粉勾芡。

6 以器皿裝盛，加入步驟 1 的白髮蔥絲裝飾。

重點在這!

只要有「甘醋」，就算是很費事的南蠻漬也可以簡單做好！淋上熱熱的甘醋醬，蔬菜就會變得柔軟好吃！

沒有刺鼻酸味的醋，家人都喜歡！

溫潤版
竹莢魚南蠻漬

炸好之後加上，讓食材沾裹上「甘醋」而已！讓人歡喜的簡單完成

15分

only!

甘醋

材料(2人份)

竹莢魚（去骨魚排）……2條
炸油……適量
麵粉……適量
洋蔥（切絲）……1/2個
胡蘿蔔（切絲）……1/4根
蘿蔔芽……適量
甘醋……100ml
辣椒圈（依照喜好）……適量

作法

1　將甘醋放入鍋中，加入喜好份量的辣椒圈，煮滾。

2　將拔除小骨頭的竹莢魚切成適當大小，撒上麵粉以170℃油溫油炸。炸好之後裝盤，放上洋蔥、胡蘿蔔，趁熱淋上步驟1的醬汁，最後以蘿蔔芽裝飾。

就是它！和風海鮮麵！

超健康豆乳太平燕

豆乳＋冬粉肯定健康！
冬粉條，滑溜滑溜的吃下肚！

10分 only !
萬能醬

材料（2人份）

豬肉（切小塊）……80g
白菜……1片
胡蘿蔔……1/4條
大蔥……1/2根
冷凍綜合海鮮……100g
冬粉……50g
胡麻油……適量
● 湯頭
　水……300ml
　無糖原味豆漿……100ml
　萬能醬……1大匙
鹽、胡椒……各適量
水煮蛋……1個

作法

1 將白菜橫切小段後，沿著纖維縱切成適當大小，胡蘿蔔與大蔥斜切薄片。冬粉浸泡在熱水中回軟。

2 將胡麻油倒入中式炒鍋中，以大火將豬肉、綜合海鮮拌炒均勻，最後加入蔬菜拌炒。

3 將湯頭倒入步驟**2**，加熱至沸騰，以鹽、胡椒調味，最後放入冬粉。

4 以器皿裝盛，放入對半切的水煮蛋。

重點在這！

將熊本名物「太平燕」以任何人都能輕鬆做好的方式呈現！海鮮的鮮味融入湯中，令人上癮的好滋味！

重點在這！

生薑切片冷凍保存，要用的時候取出所需份量，非常方便！

※ 請參照 P101

使用了「萬能醬」決定味道！

絕對不會失敗的薑汁豬肉燒

讓做習慣了的經典菜色，更美味、更簡單！

10分

only !

萬能醬

材料(2人份)

豬里肌肉（片）…… 200g
洋蔥 …… 1/2個
生薑（泥）……1小匙
萬能醬 ……2大匙
高麗菜 …… 2片
油 …… 1大匙

作法

1 洋蔥切成粗絲備用，高麗菜切片。

2 將油倒入平底鍋中，放入豬肉、高麗菜、洋蔥，炒熟。

3 加入萬能醬與鍋中材料混合均勻，以器皿裝盛即可。

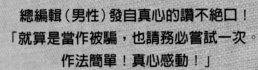

真的應該放入最棒的10道配方中！
讓肉美味10倍，
令人大大感動的燒肉醬！

總編輯（男性）發自真心的讚不絕口！
「就算是當作被騙，也請務必嘗試一次。
作法簡單！真心感動！」

你是不是也讓沙拉醬或「○○醬汁」塞滿整個冰箱呢？
只要使用「魔法調味料」就可以簡單做出令人上癮的絕品燒肉醬，
再加上一點點「自己喜歡的味道」變化一下，家人們保證筷子停不下來，一口接一口！

濃郁中帶著高雅的味道！非常微妙！

不想告訴別人的密傳食譜
令人大大感動 魔法的燒肉醬

10分

萬能醬 + 味醂酒 only！

基礎的燒肉醬

材料（2人份）

萬能醬 ……200ml	一味辣椒粉 ……1/4小匙
味醂酒 ……100ml	白芝麻 …… 適量
大蒜（泥）……1/2小匙	
生薑（泥）……1/2小匙	

作法

1 將白芝麻以外的材料放入鍋中，煮沸後加入白芝麻。

做好保存 OK！ 冷藏可保存2週

依照喜好簡單的變化！

以蘋果的酸味與甜味，讓味道更溫潤

溫潤蘋果燒肉醬

5分

做好保存 OK！ 冷藏1週

材料

基礎的燒肉醬 ……150ml
蘋果（泥）……1/4～1/2個
炒過的白芝麻 …… 適量

作法

1 將所有的材料放入鍋中煮沸即可。

以味噌胡麻讓味道更有深度

濃厚胡麻味噌燒肉醬

5分

做好保存 OK！ 冷藏1週

作法

1 「溫潤蘋果燒肉醬」200ml，加入味噌60g、胡麻油1大匙、米醋2小匙混合均勻。

風味清爽與多點維他命

清爽檸檬風味燒肉醬

5分

做好保存 OK！ 冷藏1週

作法

1 「溫潤蘋果燒肉醬」200ml，加入米醋1大匙與個人喜好份量的檸檬汁混合均勻。

第 **3** 章

不會吧！這麼簡單**?**　　我現在就想馬上吃吃看！

\ 大家最喜歡的！ /

終極「肉」料理

份量滿分的肉類料理，讓眼睛與肚子都大大的滿足！

當然有主菜登場，配菜與點心也一併介紹。

每一道都是新手也能簡單做的菜色，請將這些料理變成自己的招牌菜。

超級下飯良伴!

其實份量沒有那麼多的 超滿足回鍋肉

以生薑+大蒜、五香粉變身道地的中華料理!

15分

甘味噌 ＋ 味醂酒 only!

材料(2人份)

豬里肌(片) ⋯⋯ 200g
酒 ⋯⋯ 1大匙
日本太白粉 ⋯⋯ 2大匙
大蒜(切末) ⋯⋯ 1瓣
生薑(切末) ⋯⋯ 1片
胡蘿蔔 ⋯⋯ 1/4條
青椒(小型) ⋯⋯ 1個
高麗菜 ⋯⋯ 2片
胡麻油 ⋯⋯ 2大匙

◉ A
　蠔油 ⋯⋯ 1大匙
　五香粉 ⋯⋯ 少許
　一味辣椒粉 ⋯⋯ 少許
　甘味噌 ⋯⋯ 2大匙
　味醂酒 ⋯⋯ 1大匙

作法

1 將豬肉、酒、日本太白粉放入容器中混合均勻,蔬菜切成適當大小。

2 取另一容器放入材料 A,混合均勻。

3 將胡麻油放入鍋中,加入大蒜、生薑以小火加熱,炒至飄出香味轉中火,放入豬肉炒熟後取出。

4 將份量外的胡麻油放入鍋中,以大火炒熟蔬菜後,放入步驟3的豬肉,加入步驟2混合均勻。

重點在這！

絞肉不使用解凍肉，用溫體豬肉，味道更上一層！

以「豬肉 × 甘味噌」讓味道更渾厚！

黃金搭檔
超美味肉茄子

份量滿滿的絞肉！
想多加一道菜時也很適合！

 10分

 only！
甘味噌

材料（2人份）

茄子 ……2條
豬絞肉 ……100g
大蔥（切末）……1條
大蒜（切末）……1小匙
生薑（切末）……1小匙
胡麻油 …… 適量
● A
　甘味噌 ……1大匙
　酒 ……1大匙

作法

1 將調味料 **A** 混合均勻，茄子縱切成長條狀，以胡麻油炒好備用。

2 將適量的胡麻油放入鍋中，放入大蒜、生薑以小火加熱。

3 炒香之後加入蔥末與絞肉，炒熟之後放入步驟 **1** 的茄子。

4 最後加入材料 **A**，拌炒均勻。

重點在這！

「梅子醬」用途繁多，做起來常備十分方便！

與最初的佐餐酒一起上桌

懂事大人們的烤雞柳～
涼拌梅子醬～

15分　only!　味醂酒

以前菜的方式提供、高雅的小料理店滋味！

材料（2人份）

雞柳 …… 2條
● 梅子醬 …… 1/2大匙
梅乾（選果肉多的）
味醂酒
　※ 作法請參照 P72「梅子醬飯糰」
大蔥（切末）…… 10cm
鹽 …… 少許
青紫蘇葉（切絲）…… 適量

作法

1 雞柳去筋，撒上一點鹽，以烤箱烤至表面略略上色。略微降溫後，以手剝成適當大小。

2 將梅子醬與蔥末放入容器中混合均勻。

3 將處理好的雞柳放入步驟**2**中混合均勻。裝盤後佐以青紫蘇絲。

重點在這！

味噌醬的濃稠度可以用味醂酒調整！

極品「味噌醬」也只需攪拌即可，超簡單！不論是味道還是份量都大滿足！

滿足度120％的
味噌炸豬排

以濃郁的「深厚味道」讓你體驗到名古屋人熟悉的美味！

15分

甘味噌 ＋ 味醂酒 —— only！

材料（2人份）

豬肉（菲力、里脊等，使用自己喜歡的
　　部位）…… 300g
鹽、胡椒 …… 適量
麵粉 …… 適量
蛋液 …… 適量
麵包粉 …… 適量
炸油 …… 適量
● 味噌醬
　甘味噌 …… 2大匙
　味醂酒 …… 2～4大匙
高麗菜（切絲）…… 適量
巴西利 …… 適量

作法

1　將味噌醬的材料混合均勻。

2　將豬肉撒上鹽與胡椒後，依序沾上麵粉、蛋液、
　　麵包粉，以中溫（170～180℃）的油溫油炸。

3　將豬排以器皿裝盛，佐以高麗菜絲與巴西利，
　　淋上味噌醬。

37

如同專門店的香酥滋味，在自家重現！

給想大口吃肉的人
專門店的炸雞翅

以白胡椒提味、白芝麻點綴，
啤酒絕佳良伴！

35分

only！

萬能醬

材料（2人份）

剖半的雞中翅 …… 12隻
油 …… 適量
萬能醬 …… 1大匙
白胡椒 …… 適量
炒過的白芝麻 …… 適量

作法

1 以可以蓋過雞中翅的油量，加熱至110～120℃左右，以此低油溫炸雞翅30分鐘直至雞翅酥脆。

2 略微降溫後，放入夾鏈袋中，加入萬能醬、白胡椒充分混合均勻，靜置5～10分鐘。

3 將雞翅取出，以濾網濾除多餘醬汁，裝盤撒上白芝麻。

重點在這！

以低溫將水分慢慢炸乾，是這道菜的秘訣！最適合當作小菜，雞翅專門店酥脆的口感，在自家重現！

重點在這！

先將豬肉表面煎過，就可以做出香味十足的效果。依照喜好加點五香粉，馬上變身中華料理風格！

充分感受「肉料理美味」的一道菜色！份量滿分

就是它萬能日式叉燒

不論是拉麵、便當、小菜、主菜、配菜都能勝任的超便利菜色！

⏱️ 40分

甘味噌　＋　萬能醬　＋　味醂酒

做好保存 OK！
冷藏：1 週

材料（2人份）

肉塊（喜歡的部位，推薦購買
　已綁好繩子的）……500g
水煮蛋（去殼）……2個
大蔥（蔥綠部分）……1根
生薑（切片）……適量
油……適量
水……400ml
◉ A
　甘味噌……1大匙
　胡麻油……1/2大匙
　萬能醬……3大匙
　味醂酒……1大匙
　砂糖……1大匙
香菜（依照喜好）……適量

作法

1 將大蔥以擀麵棍敲打一下，平底鍋放點油，將豬肉表面煎至上色。

2 以有厚度的鍋子，將肉、水、大蔥，生薑放入鍋中以大火加熱。

3 煮滾之後，轉小火撈除表面浮沫，加入調味料 A 與水煮蛋，蓋上落蓋煮 30 分鐘。

4 如果肉塊有綁繩子，就取下繩子，切成喜歡的厚度後盛盤，放上對半切的水煮蛋，依照喜好佐以香菜。

基本的「日式高湯」

提到日式家常菜，必然要提到「高湯」。就算是「取高湯好麻煩」「不知道高湯該怎麼煮」的人，以這種方法也可以簡單做出正統的高湯。作法就是將所有的材料放入鍋中，點火加熱而已。
這個「日式高湯」是我數度試做之下，終於調出我的黃金比率！可以成為各種日式家常菜基礎的高湯！

司先生的「日式高湯」作法

做好保存
OK!
冷藏：3日
（請盡快使用完畢）

材料 ※ 便於操作的份量

水 …… 500ml
昆布絲 …… 5g
袋裝柴魚片 …… 2包

（10分）

作法

1 將水、昆布、柴魚片放入鍋中，以中火加熱（使用茶包袋會更省事）。

2 水滾了之後熄火，將裝有昆布與柴魚的茶包袋取出（若無使用茶包袋則過濾），確實的將昆布與柴魚榨乾水分即可。

取完高湯之後……

可以變身成這個！

➡ 作法請參照 P98「取完高湯後的省時佃煮」

只要有這些材料，就不需要再購買市售的柴魚醬油！

在家就能做出！簡單濃縮柴魚醬油

材料 ※ 完成份量為500ml

高湯或濃一點的「日式高湯」
…… 360ml
　※ 作法與上述「日式高湯」
　　相同，昆布與柴魚片的份
　　量增加為2倍（約10g）
萬能醬 …… 150ml
味醂酒 …… 100ml

當作烏龍麵的蘸醬使用時，覺得鹽味不足，可以加入1小撮鹽調整味道。

作法

1 以水500ml、昆布10g、柴魚片10g作成濃一點的「日式高湯」（取360ml）。

2 將萬能醬與味醂酒加入步驟1中煮滾後，加上一把柴魚片（份量外）熄火。

3 略微降溫後，濾除材料，裝入保存容器中，冷藏保存。

（15分）

萬能醬 ＋ 味醂酒 only！

做好保存
OK!
冷藏：1個月
（請盡快使用完畢）

只要有了這個「簡單濃縮柴魚醬油」下列所有的調味料都可以做得出來！

【使用方法】參考下列比例調和
醬汁：水的比例
蘸麵醬汁1：1　　丼飯湯汁1：2～3
麵湯1：3　　　　煮物1：3～4
炸蝦蘸醬1：2

其他亦適用於例如煮魚、鍋物、關東煮等，各種料理中！

第 4 章

超健康！ 　 減重良友！

＼全部在15分鐘內可以完成！／

樂樂「魚」料理！

會不會總是覺得「魚料理的門檻很高呢」？
善用「魔法調味料」，就算在家也能做出正統的味道！
記住這些活用食材原味的菜色，就可以被稱為料理高手喔！

15分 萬能醬 ＋ 甘味噌 ＋ 味醂酒 only！

大幅縮短燉煮的時間！

瞬間完成的味噌煮鯖魚

想吃的時候再做，
或是做起來常備都可以！

材料（2人份）

鯖魚（魚排）……2片
大蔥……1/2根
● 味噌醬
　萬能醬……2大匙
　甘味噌……3又1/2大匙
　味醂酒……5大匙
水……100ml
昆布……5cm
生薑（切片）……適量

作法

1 以添加了3%鹽分的熱水澆淋鯖魚去腥。大蔥切成5cm長；味噌醬混合均勻。

2 將鯖魚、水、昆布、生薑、味噌醬放入鍋中，以大火加熱至沸騰後蓋上落蓋，轉中火加熱。

3 鍋中湯汁剩下一半時，放入大蔥加熱至蔥熟即可。

做好保存 OK！ 冷凍1個月

42

重點在這！

真鱈魚、鰆魚，使用自己喜歡的魚類。買不到「西京味噌」時，以「白味噌」代替也 OK。使用紗布或不織布將魚包起來醃漬，就可以乾淨不沾味噌。

醃漬一晚　就能做出正統的味道！

真的超簡單！
正統的西京燒

完全不輸店裡的高雅美味！

10分

※ 不含醃漬時間

only !

味醂酒

做好保存
OK!

冷藏 1 週

材料（2人份）

新鮮鮭魚（魚排）……2片
西京味噌……4大匙
味醂酒……2大匙
鹽……適量
白蘿蔔泥……適量

作法

1 將鮭魚撒上一點鹽靜置片刻，擦乾表面水氣，去除腥味。

2 將西京味噌、味醂酒調勻。

3 使用夾鏈袋或保鮮盒等密封容器，放入步驟**1**與**2**，醃漬一晚。

4 取出鮭魚，擦除表面的味噌，以烤箱烤熟後裝盤，佐以白蘿蔔泥。

重點在這！

5分鐘就可以，完全不需要等待！竹莢魚與胡麻醬享用前一刻才拌在一起，是操作的重點，太早拌會讓材料生水。

重點在這！

只需要將所有材料混合後，以刀剁碎即可！剩下的材料揉成團烤一烤，就是房總半島名菜「さんが焼き」。如果讓孩子一起幫忙，就會是愉快的親子料理時間。

大感動的胡麻竹莢魚

5分

+ only !

萬能醬　味醂酒

> 福岡名菜「胡麻竹莢魚」稍做改變！
> 濃郁的重口味當作下酒菜也不錯！

材料（2人份）

竹莢魚生魚片（魚排）……1尾

● 胡麻醬

　萬能醬……2小匙
　味醂酒……1小匙
　白碎芝麻……1大匙
芥末……適量
青蔥（切末）……適量
海苔絲……適量

作法

1 將竹莢魚處理成魚排後拔除小骨頭，切成5mm左右的小條狀。

2 將胡麻醬的材料與芥末混合均勻，加入材料1拌勻。

3 以器皿裝盛，撒上蔥花與海苔絲。

光速極品魚碎拌味噌

> 比居酒屋做的還好吃！
> 超讚下酒菜！

10分

only !

甘味噌

材料（2人份）

竹莢魚生魚片（去骨魚片）……1尾

● A

　甘味噌……1大匙
　生薑（泥）……適量
　大蔥（切碎）……1/2條
青蔥（切末）……適量
青紫蘇（裝飾用）……適量

作法

1 將竹莢魚處理成魚片後拔除小刺，切成比較粗的小丁狀，與材料 A 混合均勻，以刀剁碎。

2 青紫蘇鋪在器皿底部，放上步驟1，再撒上青蔥末。

重點在這！

讓「好吃的魚」更好吃！鰈魚、金目鯛都很適合做這道菜！

讓「素材的美味」更升級

料亭風煮鯛魚

讓家人們感動的正統美味！
「料亭的味道」在家中也能複製！

15分　萬能醬　＋　味醂酒　only！

材料（2人份）

鯛魚（魚排）……2片
生薑（片）……1片
● 煮汁
　水……100ml
　萬能醬……2大匙
　味醂酒……1大匙
蓮藕（切片）……適量
醋橘（切片）……適量

作法

1 將煮汁的材料放入鍋中，以大火加熱至沸騰。

2 放入鯛魚與生薑，蓋上落蓋以中火煮10分鐘，其間放入蓮藕片。

3 將鯛魚與蓮藕片裝盤，在以醋橘切片。

全部在15分鐘內可以完成！樂樂「魚」料理

重點在這！

小魚乾先炒乾水分，口感會更好！

略帶酸爽口味，令人停不下來！

完整攝取小魚乾豐富的鈣質！

最讚的小零嘴 & 下酒菜
健康黑醋小魚乾

10分

萬能醬 + 味醂酒 only!

做好保存 OK!
冷藏1週

材料（2人份）

小魚乾 …… 30g
黑醋 …… 2大匙
砂糖 …… 1大匙
萬能醬 …… 1小匙
味醂酒 …… 1大匙
薑汁 …… 適量
炒過的白芝麻 …… 適量

作法

1 將小魚乾以鐵氟龍平底鍋小火炒乾，取出備用。

2 將黑醋、砂糖、萬能醬、味醂酒、薑汁放入平底鍋中，以小火煮至冒泡後放入小魚乾，起鍋前撒上白芝麻。

3 將步驟**2**攤放在烘焙紙上放涼。

重點在這！

以竹莢魚、秋刀魚取代鰤魚，
也會非常美味！

15分

※不含浸漬時間

萬能醬 only！

就算是「討厭魚」的人，也會一口接一口！

香噴噴龍田炸鰤魚

充分浸漬入味，炸得酥脆的魚塊，
一口咬下「鮮美多汁」！

材料（2人份）

鰤魚（魚排）……2片
● 醃漬醬汁
　萬能醬……1大匙
　大蒜（泥）……少許
　生薑（泥）……少許
日本太白粉……適量
炸油……適量
水菜、白菜、迷你番茄……適量

作法

1 將鰤魚斜切成1口大小的魚片。

2 將醃漬醬汁混合均勻後放入塑膠袋，放入鰤魚醃漬30分鐘。擦乾表面汁液，撒上日本太白粉，以170℃油溫油炸。

3 裝盤，佐以切好的水菜、白菜、小番茄。

重點在這！

小朋友也能簡單做好，推薦可以親子一起動手作！

以冷藏室簡單做出「自家製一夜干」！

鬆鬆軟軟！
竹莢魚味醂一夜干

適度保留水分，直接感受鮮嫩多汁！

10分

※ 不含醃漬的時間與乾燥的時間

萬能醬 ＋ 味醂酒 only！

做好保存
OK！
冷藏1週　冷凍1個月

材料(2人份)

竹莢魚（去骨魚排）……2條
萬能醬 ……40ml
味醂酒 ……20ml
炒過的白芝麻 …… 適量

作法

1 將竹莢魚放入夾鏈袋中加入萬能醬、味醂酒，盡可能的抽乾袋內空氣，緊閉袋口，靜置於冷藏室中一晚，使其入味。

2 從袋中取出魚排，擦乾表面汁液後，並排置於調理盤的網架上，撒上芝麻，直接放入冷藏室中靜置一晚。

3 隔天再以烤箱烤5分鐘。

使用洋蔥醋做出來的 各種沙拉醬！

調味醬汁不需要做起來放，在使用前，依照需要的份量快速調好是最理想的狀態。以「洋蔥醋」搭配其他材料，非常簡單的方法，就可以做出這麼多種類的調味醬汁！這些都是可以充分感受蔬菜好滋味的調味醬汁，也可以依照喜好添加胡麻油。

以幫助消化的白蘿蔔泥，吃進大量的蔬菜！
超上癮白蘿蔔泥沙拉醬

材料

洋蔥醋……3大匙
萬能醬……3大匙
白蘿蔔泥……1大匙（依照喜好調節）

洋蔥醋　萬能醬　only！　5分

柚子汁加上柚子胡椒的辣味讓風味更高雅
大人口味高雅的柚子沙拉醬

材料

洋蔥醋……3大匙
萬能醬……3大匙
柚子汁……1小匙
柚子胡椒……1小匙

洋蔥醋　萬能醬　only！　5分

胡麻的濃郁與甘醋的清爽好滋味
究極胡麻沙拉醬

材料

洋蔥醋……1大匙
萬能醬……3大匙
調味味噌……1又1/2小匙
碎白芝麻……1小匙

洋蔥醋　萬能醬　only！

醬油基底的經典風味
必學和風沙拉醬

材料

洋蔥醋……2大匙
醬油……2大匙
味醂酒……2小匙

洋蔥醋　味醂酒　only！　5分

豆乳與味噌超級搭配！
濃郁豆乳沙拉醬

材料

洋蔥醋……3大匙
甘味噌……1大匙
豆乳……3大匙

洋蔥醋　甘味噌　only！　5分

以橄欖油創造出義式風味！
簡單做義式沙拉醬

材料

洋蔥醋……2大匙
橄欖油……2大匙
鹽、胡椒……適量

only！　5分
洋蔥醋

甘味噌＋洋蔥醋超對味！
味噌洋蔥沙拉醬

材料

洋蔥醋……2大匙
甘味噌……1大匙
萬能醬……1小匙

洋蔥醋　甘味噌　萬能醬　only！　5分

第 5 章

大量攝取！　　孩子們也會喜歡！

＼最適合當作常備菜！／

「蔬菜」料理

冷藏室中剩下的材料，也能快速變身成「極品料理！」

就算是不喜歡蔬菜的人，也可以大口大口享用，這都多虧使用無添加的傳統調味料。

也有助於消解食材的浪費，不論是對荷包，或是健康都很有益處的食譜。

重點在這！

使用確實煮好的高湯作成的鍋物，味道有深度讓人吃不膩，鮮味更上一層樓！

令人歡喜可以一次吃進好多蔬菜！

蔬菜多多節約鍋
～清爽的醬油調味～

加了雞肉的高湯讓讓身心都暖呼呼的！健康節約料理

10分

only！
萬能醬

材料（2人份）

「日式高湯」……500ml
　※ 作法請參照 P40
萬能醬 …… 50ml
酒 …… 2大匙
◉ 火鍋料
　喜歡的蔬菜（白菜、水菜、鴻禧菇、大蔥等）
　　…… 適量
　雞腿肉 …… 50 ～ 100g（喜好的份量）
　豆腐 …… 適量

作法

1　將火鍋料切成適當的大小。

2　將「日式高湯」、萬能醬與酒放入鍋中煮滾。

3　將步驟 1 放入步驟 2 的鍋子中，煮熟即可。

重點在這！

將冷藏室中現有的蔬菜與水果切成骰子狀，以「洋蔥醋」調味即可。

溫和的酸味與甜味，讓討厭蔬菜的孩子也能大口大口的吃！

以家中現成的蔬菜與水果就能做好

繽紛骰子
水果沙拉

賞心悅目的一道料理！
家裡有聚會的時候最適合了！

5分

only！

洋蔥醋

材料(2人份)

小黃瓜 …… 1/3 條
迷你番茄 …… 2 個
白蘿蔔 …… 1cm
胡蘿蔔 …… 1/4 條
● 季節水果 ※ 使用家中有的東西，什麼都可以
  蘋果 …… 1/4 個
  梨子 …… 1/4 個
  奇異果 …… 1/2 個
  香蕉 …… 1/2 條
  鳳梨 …… 3 片
洋蔥醋 …… 適量

作法

1 將蔬菜與水果切成 1cm 小方塊。

2 將步驟 1 放入容器中，加入洋蔥醋，連同洋蔥末一同使用。混合均勻。

雖然是超省時料理，但在餐桌上卻非常「吸睛」！

簡單宴客混拌壽司

蔬菜的外型稍稍花點功夫，就可以變得繽紛多彩！

萬能醬 + **甘醋** + **味醂酒** only！

⏰ **20分**

※ 不含煮白飯的時間

材料（2人份）

白米 …… 2杯
◎ 壽司醋
　甘醋 …… 50ml
　鹽 …… 1小匙
乾香菇 …… 2朵
泡發香菇的水 …… 200ml
胡蘿蔔 …… 1/3條
蓮藕 …… 1/4小段
牛蒡 …… 1/4條
豌豆莢 …… 4個
雞蛋 …… 2個
萬能醬 …… 1大匙
味醂酒 …… 1大匙
鹽 …… 少許
油 …… 適量
炒過的白芝麻 …… 適量

作法

1 將置於冷藏室中浸泡一晚的乾香菇切成細絲，蓮藕切成1/4圓片，牛蒡削成柳葉形，豌豆莢以及以模具壓出花型的胡蘿蔔片以鹽水燙熟，豌豆莢對半切。

2 香菇、蓮藕、牛蒡，以泡發香菇的水加上萬能醬以中火煮至入味。

3 雞蛋打成蛋液，加入味醂酒與鹽混合均勻後，以平底鍋煎成蛋卷後切成1cm小塊。

4 壽司醋的材料混合均勻後，與剛煮好的白飯混合作成壽司飯加入步驟2混合均勻，撒上豌豆莢、胡蘿蔔、蛋、芝麻。

重點在這！

胡蘿蔔、高麗菜、燙熟的菇類，將剩下的邊角料蔬菜作成涼拌高麗菜風，就可以一次吃掉許多，更可以解決食材浪費的問題。當然也很受孩子們的喜愛！

將高麗菜以外的蔬菜作成 Coleslaw

剩餘蔬菜作成涼拌高麗菜風

將剩下的蔬菜
一點不浪費的吃進肚子裡

 15分

 only！
甘醋

材料(2人份)

白菜 …… 3～4片
洋蔥 …… 1/4個
胡蘿蔔 …… 1/2條
玉米粒(罐頭) …… 3大匙
甘醋 …… 1大匙
美乃滋 …… 1大匙
黑胡椒 …… 適量
巴西利(切末) …… 適量

作法

1 將蔬菜切絲，加入1/4小匙鹽(份量外)揉一揉靜置片刻擰乾水分。

2 將蔬菜與玉米放入容器中，加入甘醋、美乃滋、黑胡椒拌勻，最後撒上巴西利末。

重點在這！

青菜可以使用青江菜、菠菜、春菊等什麼都 OK！

最適合當作常備菜！「蔬菜」料理

看似平凡的「高湯浸蔬菜」其實非常有深度

味美高湯浸蔬菜

以自己煮的高湯做出高雅極品的配菜！

15分

only！
萬能醬

材料（2人份）

小松菜 ……1株
水菜 ……1株
● 浸泡高湯
　「日式高湯」……200ml
　　※ 作法請參考 P40
　萬能醬 ……1小匙
　鹽 …… 少許
柚子皮（切絲）…… 適量

作法

1 將葉菜各別燙一下，切成適當的大小，擰乾水分。

2 製作浸泡高湯。將「日式高湯」、萬能醬放入鍋中，煮至沸騰後加鹽調味。冷卻後放入保存容器中再放入步驟**1**。

3 盛盤後，淋上浸泡高湯，放上柚子皮。

將吃慣的經典沙拉作成清爽日式風格

健康山藥 馬鈴薯沙拉

使用比馬鈴薯醣份更低的山藥，以及豆腐美乃滋做出健康的菜色！

 20分

 甘醋 only！

材料（2人份）

山藥 …… 1/5 條
小黃瓜 …… 1 條
胡蘿蔔 …… 1/5 條
洋蔥 …… 1/8 個

● 豆腐美乃滋 ※ 便於操作的份量
　嫩豆腐（絹豆腐亦可）
　　※ 以濾網將水分濾除 …… 1/2 塊
　　（175g）
　沙拉油 …… 25ml
　甘醋 …… 1 又 1/2 大匙
　鹽、胡椒 …… 適量

作法

1 山藥充分洗乾淨後，帶皮切塊蒸熟。

2 蒸山藥的時候，製作豆腐美乃滋。將嫩豆腐、沙拉油、甘醋以均質機或電動攪拌器混合成乳霜狀，最後加入鹽、胡椒調味。

3 小黃瓜切薄片、胡蘿蔔、洋蔥切細絲，撒上少許鹽（份量外）靜置片刻。

4 將步驟 3 的蔬菜擰乾水分後放入容器中，加入 1 與步驟 2 的豆腐美乃滋，混合均勻後盛盤。

重點在這！

蔬菜的纖維被破壞之後，就會充分的入味，大幅縮短烹調的時間！

有了它就很方便！在冷凍室中常備起來吧！

冷凍蔬菜的超省時沙拉

（10分）

※ 冷凍蔬菜的時間除外

甘醋　＋　洋蔥醋　＋　萬能醬　⇢ only！

材料（2人份）

高麗菜 …… 4片
胡蘿蔔 …… 1/2條
● 調味汁
　甘醋 …… 2大匙
　洋蔥醋 …… 2大匙
　萬能醬 …… 5ml

> 冷凍後擰乾水分的蔬菜體積比較小，讓吃進肚子裡的份量變多了。

作法

1 將高麗菜與胡蘿蔔切成適當的大小，裝入夾鏈袋中攤平，確實抽出空氣冷凍。
　※ 攤平冷凍解凍也會比較快

2 解凍後擰乾水分，調好調味汁淋上喜歡的份量。

清爽沙拉淺漬

以恰到好處的酸爽滋味搭配
季節蔬菜，就可以吃很多！

5分

萬能醬 ＋ 洋蔥醋 only！

※ 不含靜置
入味時間

材料(2人份)

小黃瓜 ……1條
白蘿蔔（約3cm片狀）
　※ 季節蔬菜或邊角料的蔬菜都 OK
柚子皮（切絲）…… 適量
● A
　水 ……4大匙
　鹽 ……1小匙
　萬能醬 …… 2大匙
　洋蔥醋 …… 2大匙

作法

1 將材料 A 放入塑膠袋中。

2 將切成適當大小的小黃瓜與白蘿蔔放入步驟**1**袋內，隔著袋子揉一揉靜置5 ～ 10分鐘。

3 放在冷藏室中靜置30分鐘入味，以器皿裝盛再撒上柚子皮。

重點在這！

就算不使用「淺漬調料包」也可以無添加簡單做好，請務必試試喔！

重點在這！

模仿愛店的味道「清口」「休箸」「下酒菜」…，還想要再來一道小菜時最適合的菜色！

僅需5分鐘就可以完成！

根本停不下來
超無限高麗菜！

重現博多串燒店的招牌！高麗菜蘸醬！

5分　　甘醋　only！

做好保存
OK！
冷藏1個月
（甘醬）

材料（2人份）

高麗菜 …… 適量

● 甘醬

　甘醋 …… 50ml
　薄口醬油 …… 1小匙
　碎白芝麻 …… 適量

作法

1 高麗菜略略切成大片。

2 將甘醬的材料混合均勻，以高麗菜蘸著一起享用。

第 6 章

蓋飯　丼飯　拌飯

\ 日本人最愛！/

「飯類」料理

「想將剩飯變成佳餚！」為了滿足這樣的期待，
在此介紹日本人最愛的「飯類料理」。
最適合忙碌的日子裡，快速讓脾胃大大滿足的嚴選10道！

重點在這！

使用了全部的罐頭湯汁，可以絲毫不浪費的攝取營養，醬汁的份量請依照喜好調整。

將營養滿分的鯖魚罐頭簡單的作成蓋飯

滿滿營養的
鯖魚罐頭飯

EPA、DHA、蛋白質…，絕對健康的節約料理！

5分

甘味噌 ＋ 味醂酒 only！

材料（2人份）

白飯 …… 2碗
水煮鯖魚罐頭（無鹽）…… 1罐
甘味噌 …… 50g
味醂酒 …… 50ml
小黃瓜 …… 1條

作法

1 將甘味噌與味醂酒混合均勻。

2 將鯖魚罐頭連同湯汁放入平底鍋中，以小火炒至鬆散，放入步驟1以中火炒乾。

3 將步驟2置於白飯上，在以切成細絲的小黃瓜。

有蟹肉棒與雞蛋就能做的佳餚！

終極偷吃步
鬆鬆軟軟天津飯

忙碌的日子
超推薦！

15分

萬能醬 ＋ 甘醋 only！

材料（2人份）

白飯 …… 2碗
雞蛋 …… 4個
蟹肉棒 …… 4條 ※可能的話推薦使用蟹肉罐頭
油 …… 適量
● 甘醋芡
　水 …… 100ml
　萬能醬 …… 1小匙
　甘醋醬 …… 2大匙
　鹽 …… 少許
　日本太白粉水 …… 適量

作法

1 將甘醋芡的材料放入鍋中以中火加熱，湯
汁變稠後熄火。

2 將油放入平底鍋中，放入蛋液與以手剝鬆
的蟹肉棒，略微攪拌以中火煎至膨鬆。

3 將白飯以容器裝盛，蓋上步驟2後淋上步
驟1，依照喜好撒上青蔥的蔥花（份量外）。

肯定要再來一碗的超級節約丼
停不下來的雞鬆飯

帶便當也很推薦！

15分

萬能醬 ＋ 味醂酒 only！

材料（2人份）

白飯 …… 2碗
雞蛋 …… 2個
雞絞肉 …… 100g
洋蔥（切碎）…… 1/2個
生薑泥 …… 適量
味醂酒 …… 1大匙
萬能醬 …… 1大匙
鹽 …… 少許
油 …… 適量
豌豆莢（以鹽水燙過）…… 適量

作法

1 將雞蛋打散，加入味醂酒與鹽。將油倒入鍋中以中火加熱後倒入蛋液，以筷子等拌炒，作成炒蛋。

2 將油倒入平底鍋，放入切碎的洋蔥以中火拌炒。放入雞絞肉、生薑泥略微拌炒均勻，加入萬能醬，炒至均勻入味

3 白飯以器皿裝盛，放入步驟**1**與**2**各半量，最後以斜切的豌豆莢裝飾。

重點在這！

要留心雞絞肉炒太久會變硬！

重點在這！

和牛只要使用肉片就能以驚人的實惠價格，做出超美味的牛丼！

人氣第一日式蓋飯

在家就可以簡單做的感動美味！

超快速直球
絕對無敵的和牛丼

5分

only！
萬能醬

材料（2人份）

白飯 …… 2碗
和牛（肉片）…… 200g
洋蔥 …… 1/2個
「日式高湯」…… 200ml
　※ 作法請參照P40
萬能醬 …… 4大匙
青蔥 …… 適量

作法

1 將切絲的洋蔥放入鍋中，加入「日式高湯」與萬能醬以中火加熱。

2 洋蔥煮透了之後放入牛肉，略略煮到熟就可以熄火。

3 將白飯以飯碗裝盛，放上步驟**2**，撒上切成蔥花的青蔥。

重點在這！

使用冰箱裡現成的材料，就可以順手作出來的節約料理，記住食譜就會非常方便。

使用大豆製品做出有益健康的丼

低脂
健康的雷鳴豆腐丼

炒豆腐時發出的聲響，類似雷鳴，故此得名

10分

萬能醬

only！

材料（2人份）

白飯 …… 2碗
木棉豆腐（※ 瀝乾水分）
　　…… 1塊
大蔥 …… 1/2根
天麩羅碎麵衣 …… 2大匙
萬能醬 …… 2大匙
胡麻油 …… 適量

作法

1 將胡麻油倒入鍋中，放入斜切的大蔥以大火拌炒。

2 豆腐以手剝碎放入步驟 **1**，加入天麩羅碎麵衣。

3 倒入 萬能醬 調味。

4 將白飯放入飯碗中，放入步驟 **3**，依照喜好放上海苔絲（份量外）。

以便宜的鮪魚做出高級又奢侈的丼飯！

比壽司還好吃的
漬鮪魚丼

就算再沒時間，也可以
快速做好的美味丼飯

10分

萬能醬

only！

材料（2人份）

白飯……2碗
鮪魚（切片或生魚片）……120g
萬能醬……1大匙
酒……少許
● 辛香料
　青紫蘇（切絲）……適量
　茗荷（切薄片）……適量
　芥末……少許
炒過的白芝麻……適量

作法

1 將鮪魚與萬能醬、酒放入夾鏈袋中浸漬5分鐘左右。

2 將白飯放入飯碗中，放入步驟1，淋上醃漬醬汁後放上辛香料，撒上芝麻完成。

重點在這！

拌飯的基本就是，將湯汁煮至濃稠。濃郁度大提升！

「雞肉 × 牛蒡」最佳黃金拍檔！

超簡單拌飯
好滋味雞肉牛蒡飯

剩飯有了戲劇性超美味的變化！

15分

萬能醬 ＋ 味醂酒 only !

材料（2人份）

白飯 …… 2碗
雞腿肉 …… 100g
牛蒡 …… 1/2條
胡蘿蔔 …… 1/5條
「日式高湯」 …… 200ml
　　※ 作法請參照 P40
萬能醬 …… 1大匙
味醂酒 …… 1大匙

作法

1 將牛蒡削成柳葉形；胡蘿蔔切絲；雞肉切成小塊。

2 將「日式高湯」萬能醬、味醂酒、牛蒡、胡蘿蔔放入鍋中，以中火煮熟。

3 牛蒡煮好之後放入雞肉，雞肉熟了之後，將湯汁與料分開，把湯汁放回鍋中煮至濃稠。

4 將白飯與步驟 **3** 的材料與湯汁拌勻之後，以器皿裝盛。

吸飽了貝類高湯的米飯，有著豐富的好滋味

鮮味多多深川飯

濃縮了海瓜子鮮味的奢侈滋味！

15分

萬能醬 only！

※不含吐沙的時間

材料（2人份）

白飯……2碗
海瓜子（吐完沙的）……300g
胡蘿蔔……50g
大蔥……1/2根
油豆皮……1片
（以熱水燙過去油）
萬能醬……1大匙
酒……100ml

作法

1 胡蘿蔔切細絲；大蔥切成粗一點的蔥末；油豆皮切成小長條。

2 將海瓜子與酒放入鍋中，蓋上蓋子以大火加熱。海瓜子殼打開之後熄火，取出海瓜子，將殼與貝肉分離。

3 將步驟2的湯汁加入萬能醬、放入胡蘿蔔、大蔥、油豆皮與海瓜子肉加熱。煮熟之後將料與湯汁分開，湯汁收汁至1/3份量。

4 將材料與湯汁和白飯拌勻之後，以器皿裝盛。

重點在這！

海瓜子以3%的鹽水（水500ml＋鹽1大匙）吐沙，靜置於陰暗的地方10～30分鐘。
用剩的海瓜子浸泡在3%的鹽水中一起冷凍，解凍時肉就會非常多汁飽滿！

將中華料理「紅燒肉」簡單的變化一下！

美味的紅燒肉飯

充滿亞洲風味，大口吃肉滿足的一道！

10分

萬能醬 + 味醂酒 only！

材料（2人份）

白飯 …… 2碗
豬肉（片）…… 100g
大蒜（切末）…… 1瓣
生薑（切末）…… 1片
水 …… 適量
萬能醬 …… 1大匙
味醂酒 …… 1大匙
八角 …… 1個
胡麻油 …… 適量

作法

1 將胡麻油、大蒜、生薑放入鍋中，以小火炒香後放入豬肉，以中火拌炒均勻。

2 加入蓋過材料的水，萬能醬、味醂酒、八角烹煮。

3 煮至鍋中湯汁濃稠後熄火，與剛煮好的白飯拌勻後以器皿裝盛。

重點在這！

在中式料理常見的香料八角，帶有獨特的強烈香氣，請依照喜好調整使用份量。不容易取得時，可以使用五香粉替代（請參照 P34）

以少量的鰻魚,做成切片鰻魚飯風格!將鰻魚的頭、尾加入醬汁中煮,會讓風味與濃郁度上升!

以切片的鰻魚＋炒蛋營造出滿滿的豪華感

大滿足鰻魚飯

以濃郁的調味,創造出滿足 & 份量感!

15分

萬能醬　＋　味醂酒　only!

材料(2人份)

白飯 …… 2碗
蒲燒鰻魚 …… 1/2條
● 鰻魚醬
　水 …… 100ml
　萬能醬 …… 1大匙
　味醂酒 …… 1大匙
雞蛋 …… 1個
味醂酒 …… 1小匙
鹽 …… 適量
油 …… 適量
海苔絲、三葉菜 …… 適量

作法

1　買來的蒲燒鰻如果有帶頭尾的話,請切下,將身體的部分切成適當的大小。

2　將鰻魚醬的材料(如果有的話),還有鰻魚的頭尾,放入鍋中煮至濃稠後取出頭尾。

3　將雞蛋打成蛋液,加入味醂酒、鹽混合均勻。將油倒入平底鍋中,倒入蛋液作成炒蛋。

4　將白飯與步驟2拌勻,放上切片的鰻魚、炒蛋、海苔絲與三葉菜裝飾。

飯糰食譜

飯糰的材料如果也能簡單的作成常備保存，
就是能運用在各種料理中的好幫手。
在此為大家介紹變化豐富的8種。

簡單卻不簡單的好味道
甘味噌飯糰

 5分 only！甘味噌

材料　甘味噌……適量
　　　　白飯……適量

作法　1　將甘味噌直接包入飯糰內

吸引食慾口齒留香！
調味芝麻飯糰

 10分 萬能醬 only！ 調味芝麻冷凍可保存3個月

材料　調味芝麻　※便於操作的份量
　　　　白芝麻……5大匙　　萬能醬……1大匙
　　　　白飯……適量

作法
1　將白芝麻與萬能醬放入容器中靜置片刻，讓芝麻入味
2　將瀝乾湯汁的步驟1放入平底鍋中以小火加熱，以筷子拌炒，芝麻開始有小小的結塊時熄火
3　趁還有餘熱時稍微拌炒，直接靜置放涼，如果有結塊請以手撥鬆
4　將白飯與步驟3混合後作成飯糰

先將梅子醬做好就很方便！
梅子醬飯糰

10分 味醂酒 only！ 梅子醬冷藏保存可保存6個月

材料　梅子醬　※便於操作的份量
　　　　梅乾（果肉較多的種類）……大5～6個
　　　　味醂酒……2～3大匙
　　　　白飯……適量

作法
1　將梅乾去除種子後過篩成泥狀。
2　加入步驟1梅子醬1/10左右份量的味醂酒，調成比較軟的梅子醬
3　將步驟2包入飯糰中間完成
　　※可以用於調成沙拉醬、生魚片的蘸醬、梅子茶等非常方便！

味噌與豬五花的濃郁風味讓滿足度大大提升
味噌豚飯糰

 10分 萬能醬 ＋ 甘味噌 only！ 豚味噌冷凍可保存2週

材料　豚味噌　※便於操作的份量
　　　　豬五花肉……100g　　萬能醬……2大匙
　　　　甘味噌……50g　　炒過的白芝麻……適量
　　　　白飯……適量

作法
1　豬五花肉切碎後，以小火拌炒
2　事先將萬能醬與甘味噌拌勻後加入步驟1混合均勻，最後拌入白芝麻
3　將步驟2包入飯糰中間完成

取完高湯後的剩料完全不浪費再利用

佃煮柴魚昆布飯糰

材料	取完高湯後的省時佃煮 …… 適量
	※作法請參照 P98
	白飯 …… 適量

| 作法 | 1 | 將「取完高湯後的省時佃煮」包入飯糰中就能完成 |

將需要花時間的稻禾壽司簡單的作成飯糰

碎稻禾豆皮飯糰

材料	碎豆皮 ※便於操作的份量	碎稻禾豆皮
	油豆皮 …… 1片（事先燙過去油）	冷凍可保存1週
	萬能醬 …… 1大匙　味醂酒 …… 1大匙
	白飯 …… 適量

作法	1	將豆皮切碎
	2	將步驟1與萬能醬、味醂酒放入鍋中煮至入味
	3	將步驟2與白飯混合均勻捏成飯糰

濕潤半熟的鱈魚子最適合當作「下酒菜」

炙燒鱈魚子飯糰

材料	炙燒鱈魚子 ※便於操作的份量
	冷凍鱈魚子 …… 適量　味醂酒 …… 適量
	白飯 …… 適量

作法	1	將冷凍的鱈魚子直接略略汆燙一下，表面略略變成白色之後撈出，以廚房紙巾擦除表面水分
	2	趁熱以刷子塗上味醂酒，以直火略略炙燒
	3	將步驟2包入飯糰中完成

「飯糰先烤過再塗上萬能醬」就是烤得香噴噴的秘訣！

烤飯糰

| 材料 | 萬能醬 …… 適量 |
| | 白飯 …… 適量 |

| 作法 | 1 | 將平底鍋鋪上鋁箔紙，以大火烤飯糰 |
| | 2 | 表面上色後，以刷子塗上萬能醬，繼續烤到香噴噴為止 |

這些非常好用！「無添加」自製調味料

那些市售的調味料，其實「無添加」就可以簡單完成。
做好常備，料理就會變得簡單、越來越美味！

以真正的蔬菜與肉做出令人大感動的美味！

真實雞高湯素

材料

雞絞肉 …… 100g
洋蔥 …… 1/4 個
萬能醬 …… 1/2 小匙
胡麻油 …… 1 小匙

● A
　鹽 …… 1/2 小匙
　蠔油 …… 1/4 小匙
　白胡椒 …… 少許
　輕鬆原創中華香料
　…… 1/2 小匙
　※ 請參考右下

only！
萬能醬

15分

冷凍
可保存 1 個月

作法

1　將切成末的洋蔥與胡麻油以中火拌炒至上色後，加入雞絞肉拌炒均勻。
2　加入萬能醬與材料 A 炒成雞鬆。
3　略微降溫後以廚房紙巾吸除多餘油份，放入夾鏈袋中，壓扁攤平吸出空氣冷凍保存。

「真實雞高湯素」與「超美味中華高湯素」的使用方法，以 15×10cm 大小冷凍保存，煮湯、拉麵等想增加濃郁感時，可以切分適當大小使用。

拉麵、炒飯、熱炒、只要有這個就能做出極品好味道！

超美味中華高湯素

材料

豬絞肉 …… 100g　　洋蔥（切末）…… 1/4 個
雞絞肉 …… 50g　　胡麻油 …… 1 小匙

● A
　蠔油 …… 1/2 小匙　　白胡椒 …… 1/4 小匙
　紹興酒 …… 1 小匙　　五香粉 …… 少許
　鹽 …… 1 小匙
　輕鬆原創中華香料 …… 1/2 小匙　※ 請參考下方

15分

冷凍
可保存 1 個月

作法

1　將胡麻油與洋蔥以中火拌炒後，加入雞肉、豬肉拌炒均勻。
2　加入材料 A，略微降溫後以廚房紙巾吸除多餘油份。
3　降溫後放入夾鏈袋中，壓扁攤平吸出空氣冷凍保存。

如果覺得味道太淡，可加入 1/2 小匙的萬能醬。

有了它就很方便！只需要按照「生薑2：大蒜1」比例混合完成！

輕鬆原創中華香料

材料

大蒜粉（市售品）…… 10g
生薑粉（市售品）…… 20g

以密閉容器可保存 3 個月

作法

1　將大蒜粉與生薑粉混合均勻，裝入密封罐中保存。

豆瓣醬風味的調味料，在家也能簡單做！

5分
※ 熟成時間除外

簡單和風豆瓣醬

材料

韓國辣椒粉
　（中粗末）…… 50g
酒 …… 150ml
萬能醬 …… 2 小匙
鹽 …… 2 小匙

常溫可保存 1 個月

only！
萬能醬

作法

1　將韓國辣椒粉放入瓶中。
2　加入酒、萬能醬、鹽，靜置常溫 3 日以上再使用。

加入柑橘類果汁，變身華美的風味

果香四溢柚子醋

材料

水 …… 100ml
昆布絲 …… 約 2g
柚子果汁 …… 20ml
　※ 以橙、醋橘等都可以
萬能醬 …… 100ml
甘醋 …… 60ml

10分

冷藏可保存 2 週

only！
萬能醬　甘醋

作法

1　以昆布取高湯。將水與昆布放入鍋中加熱，沸騰後熄火。
2　過濾後，加入柚子汁、萬能醬、甘醋加熱至沸騰。
3　略微降溫後，以密封瓶等容器保存。

比柚子胡椒更簡單！鹽分降低，使用便利！

簡單柚子鹽

材料

青柚子 …… 1 個
鹽 …… 略少於 1 小匙
　※ 青柚子上市約
　8～10 月左右

10分

冷藏可保存 1 個月

作法

1　將柚子皮磨碎，略略擠除水分。
2　加入 1 小匙鹽（步驟 1 重量的 10% 重量）混合均勻後，裝入夾鏈袋內平放冷凍。煮湯或拌菜加一點就會很香。

所有的調味料都可以做起來常備，當然也很推薦每次要用的時候現做。

第 7 章

也會有想迅速終結一餐的日子！

\ 每天都想吃！ /

「麵類」料理

大家都喜歡的麵類料理，就算不使用「高湯調味料」，也可以簡單的做出好滋味。
總會有些時候特別想吃某些特定的人氣麵類，以「魔法調味料」做出溫和的
好滋味。在自己家裡也能簡單的重現，為大家介紹「各地的著名特色麵點」！

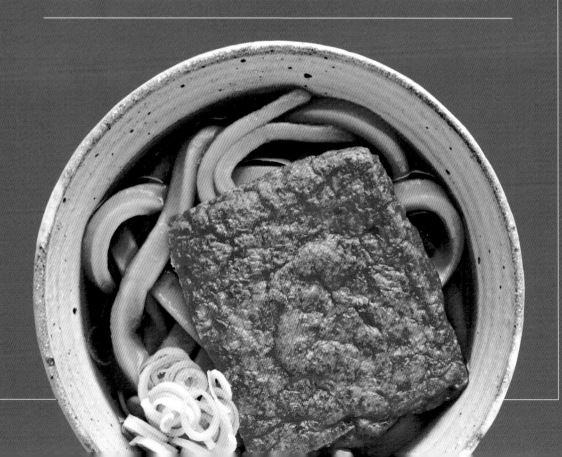

吸飽湯汁的油豆皮令人感動！

超多汁豆皮的
豆皮烏龍麵

使用「萬能醬」，
自己煮的入味豆皮超滿足！

15分

only！

萬能醬

材料（2人份）

烏龍麵……2球
「日式高湯」……800ml
　※作法請參照 P40
萬能醬……80ml
大蔥（切蔥花）……適量
油豆皮……1片
　（以熱水燙過去油）

● A
　「日式高湯」……100ml
　　※作法請參照 P40
　萬能醬……1大匙
　本味醂……1大匙

作法

1　將「日式高湯」、萬能醬放入鍋中煮滾。

2　將豆皮對半切，加入材料 A 煮至入味。

3　將燙好的烏龍麵以器皿裝盛放上豆皮，淋上步驟 1，
　佐以蔥花完成。

重點在這！

最後加上1小撮的鹽，讓味道
完整。依照喜好，加上柴魚片
也很美味。

重點在這！

越是簡單的麵越能彰顯高湯
的鮮味！

手作的蘸麵湯，果然特別美味！

就是不同！
美味冷素麵

手作的無添加素麵蘸麵湯，
讓素麵的美味更上一層！

 10分

萬能醬　＋　味醂酒　only!

材料（2人份）

素麵 …… 2把

● 蘸麵湯

「在家就能做出！簡單濃縮柴魚醬油」
…… 50ml
※ 作法請參照 P40

水 …… 50ml

● 辛香料

青蔥 …… 適量

茗荷 …… 適量

作法

1　素麵燙熟後以冷水漂洗、以器皿裝盛。

2　將「在家就能做出！簡單濃縮柴魚醬油」與水混
合作成蘸麵湯，搭配切好的辛香料享用。

重點在這！

將名古屋名菜「味噌燉烏龍麵」以適合在家中製作的簡單方法，介紹給大家！喜歡味噌風味濃郁的人，可以追加「甘味噌」的份量。

讓熱騰騰又大份量的鍋料理溫暖你！

超美味！味噌燉烏龍麵

在家也能簡單的享受「味噌燉烏龍麵」！

15分

甘味噌　＋　萬能醬　only！

材料(1人份)

烏龍麵……1球
水……300 ～ 350ml(調整至喜歡的濃淡)
「日式高湯」……1大匙 ※作法請參照 P40
甘味噌……1大匙
萬能醬……1大匙
雞腿肉……50g
大蔥……適量
油豆皮……適量
雞蛋……1個

作法

1 將水、日式高湯、甘味噌、萬能醬放入土鍋中煮滾。

2 將烏龍麵與切成一口大小的雞肉、切成條狀的油豆皮放入鍋中，以中火煮一下。

3 放入斜切片的大蔥與雞蛋，蓋上鍋蓋熄火，靜置1分鐘燜熟。

就算是沒有食慾的日子、也能咻咻吞下肚

清爽番茄
酸辣湯麵

番茄的酸味、讓麵湯的美味
更上一層！

15分

only !

萬能醬

材料(2人份)

中華麵（生）……2袋
番茄……1個
洋蔥……1/4個
木耳（乾燥泡發的或者新鮮的）
　　……2片
雞蛋……1個
水……600ml
「真實雞高湯素」…… 適量
　　※ 作法請參照 P74
萬能醬……1大匙
米醋…… 適量
鹽…… 少許
辣油…… 適量

作法

1 番茄切滾刀塊、洋蔥切絲、木耳切絲備用。

2 將水與「真實雞高湯素」放入鍋中開火、加入番茄、洋蔥、木耳煮熟。

3 將萬能醬與米醋放入步驟**2**中，以鹽調味後打入蛋液，加入辣油。

4 將燙好的中華麵放入碗中，趁熱倒入步驟**3**即可。

重點在這！

以「真實雞高湯素」做出
無添加的美味！活用在各
種料理中的優秀好物！

味道清爽的炒麵

溫和的酸味連小孩
都非常喜歡！

10分

only !

甘醋

材料（2人份）

炒麵用麵條（燙過）……2袋
高麗菜……4片
豬五花肉……80g
豆芽菜……1/2袋
胡麻油……1大匙
● 炒麵醬 ※ 容易操作的份量
　伍斯特醬……200ml
　砂糖……1又1/2大匙
　太白粉……4小匙
　甘醋……2大匙
柴魚片……適量
海苔粉……適量

作法

1 將炒麵醬的材料放入鍋中煮成均質的狀態。

2 將胡麻油放入中華炒鍋中，以大火炒熟豬肉，放入切成絲的高麗菜與豆芽菜，拌炒均勻後放入麵條，依照包裝袋的指示炒熟，放入炒麵醬4大匙調整味道。

3 以器皿裝盛，撒上柴魚片與海苔粉，依照喜好佐以紅薑。

重點在這！

以砂糖加上「甘醋」自家調製的炒麵醬，就算是對伍斯特醬刺鼻酸味不喜歡的人，也可以接受！剩餘的醬汁冷藏可以保存1個月。

7

每天都想吃！「麵類」料理

重點在這！

想吃點重口味的時候，
淋上辣油也 OK！

岩手縣名菜、簡單變化一下！

烏龍麵香四溢
炸醬麵

濃郁的麵醬讓人
大大滿足！

15分

甘味噌　＋　味醂酒　only！

材料（2人份）

烏龍麵（乾麵）……200g
豬絞肉……100g
洋蔥……1/2個
大蒜（切末）……1瓣
胡麻油……1大匙

● A
　甘味噌……4大匙
　味醂酒……1大匙
　生薑（泥）……1小匙
香菜……適量

作法

1 將洋蔥切末與材料 A 混合均勻。

2 將大蒜與胡麻油放入平底鍋中，以小火炒出香味後轉中
火，放入洋蔥炒至透明後，放入豬絞肉。

3 將材料 A 放入步驟 **2**，拌炒均勻。

4 將烏龍麵煮熟後，瀝乾水分，加入些許胡麻油（份量外）
拌勻後盛盤，加入適量的步驟 **3**，再撒上香菜。

日本人不可或缺的

發酵調味料「味噌」

「味噌」在日本各地，依照適合當地的氣候、風土與飲食文化製成。如同地圖所示，一般調味料具有地域性的特徵。本書的「魔法調味料」之一的「甘味噌」，就算同樣是味噌，也推薦使用赤味噌來製作。

赤味噌與白味噌，雖然不論何者均為米味噌，大豆的添加比例越高、又或者熟成時間越長，就會變得越濃（越紅）。

「八丁味噌」是一款僅以大豆長時間熟成的味噌；而被稱為「赤田味噌（赤だし味噌）」的味噌，是以大豆味噌與米味噌調和過後的「調和味噌」；而添加了昆布或柴魚等混合的，也漸漸的被稱為「赤田味噌（赤だし味噌）」。

溫暖的九州地區等，比較多食用麥味噌，現在則以使用麥麴與米麴混合製作的「麥米混合味噌」為主流。

被使用在製作「西京漬」的「味噌床」（味噌醃漬料），則是比較適合使用米成分較高的白味噌製作，其中更以高雅清甜的「西京味噌」最為推薦。

《全國味噌地圖》

米味噌

大豆味噌

麥味噌

出處：農林水產省HP「種類別日本全國味噌MAP」

● 「白味噌」與「西京味噌」的差異

43頁介紹的「真的超簡單！正統的西京燒」等所使用的白味噌，則是米麴比例高，採用非「發酵」而是「糖化」的方法所製造。短期熟成為特徵，原料的優劣直接反應在風味上。與一般的味噌相比，不論是香氣或者風味都完全不同，味道十分甜。製法與風味雖然並無差異，但是在京都府內製造，滿足製造過程、品質與其他標準的味噌，才被稱為「西京味噌」。

● 「八丁味噌」是？

「大豆味噌」的一種。本來是指距離德川家康出生地－岡崎城約八丁距離的大豆味噌店所製造的味噌。以傳統的疊石製法（石積み製法），於木桶中長期熟成為特徵。

本書中的「魔法調味料」之一「甘味噌」，如果可以使用二年以上熟成的「米味噌」製作最好，但是如果沒有的話，推薦使用大豆味噌製作。78頁「超美味！味噌燉烏龍麵」等，如果使用「八丁味噌」製作，風味將會更濃郁。

第 **8** 章

\ 舉杯暢飲！/

「減鹽下酒菜」料理

從最喜歡的經典下酒菜開場、到謝幕前的茶泡飯！

活用食材，小料理屋的美味，在自家中簡單再現。

不僅如此，還兼顧健康以減鹽達到目的。這些是喜歡喝一杯的朋友們鍾情的菜色。

重點在這！

與取高湯用的昆布絲一同享用，食物纖維攝取更多，可謂一舉兩得！搭配「簡單柚子鹽」（參考 P74）也會很美味！

佐以「甘醋蘸醬」清爽的享用

柚香健康湯豆腐

取高湯用的昆布絲可以一同享用，對身體好的鍋類料理

10分

萬能醬 ＋ 甘醋　only！

材料（1人份）

豆腐 …… 1塊
昆布絲 …… 適量
水 …… 300ml
◉ 蘸醬
　「果香四溢柚子醋」
　　※ 作法請參考 P74
◉ 辛香料
　青蔥（切末）…… 適量
　柚子胡椒 …… 適量
柚子皮（切絲）…… 適量

作法

1 將、水，昆布絲、切成6等份的豆腐，放入鍋中加熱，沸騰後熄火。

2 豆腐上撒柚子皮。
豆腐與昆布絲，與加了辛香料的蘸醬一同享用。

重點在這！

這道菜是我家最招牌的下酒菜，堪稱「必備」酒肴！如果買得到的話，推薦使用槍烏賊。請務必搭配純米酒一同享用！

鮮嫩飽滿的烏賊，「萬能醬」香氣四溢

純粹的美味！
史上最強烤烏賊

讚不絕口
最配日本酒！

5分

萬能醬　only！

材料（2人份）

烏賊（去除內臟）……1隻
萬能醬 …… 適量
青柚子 …… 少許

作法

1 烏賊切成3cm寬圈狀。

2 煮一鍋水，沸騰之後將切好的烏賊放進去，燙到烏賊變白膨脹之後撈起來（沒有時間的時候以熱水澆淋也可以。）將烏賊放入平底鍋中，以中火乾煎到上色後，放入萬能醬，讓烏賊均勻裹上醬汁。

3 佐以切成圓片的青柚子享用。

重點在這！

活用便利店關東煮調理法。透過事先冷凍的方法，在短時間內完整入味。浸泡在高湯中冷凍保存也 OK!

舉杯暢飲！「減鹽下酒菜」料理

充滿高湯滋味的白蘿蔔、讓人身心都暖和了起來

鮮美入味
煮蘿蔔

驚人的『省時』
關東煮

㉕分
※不含冷凍時間

甘味噌 ＋ 甘醋　only！

做好保存
OK!
冷凍 1 個月

材料（2人份）

白蘿蔔 …… 1/2 條
「日式高湯」…… 適量
　※ 作法請參照 P40
● 味噌醬
　甘味噌 …… 2 大匙
　甘醋 …… 1 大匙

作法

1 將白蘿蔔去皮切成 2cm 厚的圓片，以夾鏈袋裝入白蘿蔔，以及可以完整浸泡白蘿蔔的「日式高湯」，冷凍一晚。

2 將冷凍的高湯與白蘿蔔從夾鏈袋取出，放入鍋中，約煮 20 分鐘至白蘿蔔變軟。如果湯汁不夠多的話，請追加『日式高湯』。

3 取另一個鍋子，放入味噌醬的材料，一邊攪拌以一邊以小火加熱至產生光澤。

4 將白蘿蔔盛盤，淋上味噌醬。

重點在這！

只要使用「味醂酒」，就可以做
出又鬆又軟的高湯蛋卷！

期待可以完全掌握的經典菜色

料理高段班的
高湯蛋卷

高湯蛋卷做得好，
晉身料理高段班之列！

10分

only！

味醂酒

材料（2人份）

雞蛋（L）……3個
日式高湯……60ml
　※作法請參照 P40
味醂酒……1大匙
鹽……適量
油……適量
白蘿蔔泥……適量

作法

1　將蛋打散加入「日式高湯」、味醂酒、鹽、充分混合均勻。

2　煎蛋鍋倒入多一點油熱鍋、以紙巾擦除多餘油份，以中火將煎蛋鍋充分預熱，倒入1/3的蛋液，加熱至半熟，以鍋鏟將蛋集中到鍋子的後方（靠近自己的這一側），調整形狀後撥至外側。

3　再將鍋子塗油，將剩下蛋液的一半倒入鍋中空白處，並且讓蛋液流到方才成形的雞蛋卷下方，加熱至半熟，再以鍋鏟將蛋朝後方捲成形後，集中至另一側。

4　再次將鍋子塗油，將剩下的蛋液全部倒入鍋中，加熱至半熟，再以鍋鏟將蛋朝後方捲起成形後，完成。切塊以器皿裝盛，在以白蘿蔔泥享用。

只要學會「洋芥末醋味噌」，就是日式家常菜的高級班 !?

小料理店風格
章魚黃瓜拌醋味噌

章魚與黃瓜是經典搭檔，佐以風味獨特的味噌

10分

甘醋 only！

材料（2人份）

熟章魚 …… 50g
小黃瓜 …… 1條
鹽 …… 1小撮
● 醋味噌
　西京味噌（或白味噌）…… 40g
　甘醋 …… 2小匙
　黃芥末 …… 適量

作法

1　將醋味噌的材料混合均勻備用。小黃瓜切成薄圓片、以鹽去青後擰乾水分。章魚切成適當的厚度。

2　將章魚與黃瓜盛盤，佐以醋味噌。

重點在這！

高湯料也可以成為配料之一的
昆布絲、常備起來非常便利！

讓昆布與柴魚高湯撫慰你的身心！

超清爽美味
高湯茶泡飯

高湯中的昆布絲
讓口感多點變化

5分

材料(1人份)

白飯（熱的）……1碗
昆布絲 …… 適量
柴魚片 …… 適量
梅乾 ……1個
熱水 …… 適量
★ 茶泡飯之友（依照喜好）
　「高湯料的省時佃煮（請參考 P98）
　「絕品海苔佃煮」（請參考 P99）等自己喜歡的
　材料

作法

1　在溫熱的白飯上，放上昆布絲與柴魚片、
　梅乾。

2　淋上熱水，與高湯用的昆布絲「茶泡飯之
　友」一同享用

擁有便利的調理器具

有了「好鍋子」就有了口福（幸福）！

對於食材與調味料講究的人，我想不在少數，其實「鍋具」也被稱為第三種調味料。

使用好的鍋具，不僅可以保留食材的美味，也會減少營養流失。就算價格有點高，但是用餐的滿足感卻會大幅提升，講究一點非常划算。

《好鍋具的條件》
❶ 不容易產生化學反應的材質。鋁等材質比較怕酸，加熱之後會釋出有害物質應該避免。
❷ 挑選厚重的鍋具，蓋子可以確實緊閉的，選擇可以「無水調理」或「無油調理」的鍋子比較好。
❸ 挑選耐用的、可以用很久，自己喜歡的，細心挑選後可當作一輩子使用的道具。

讓料理變美味「鋒利的刀子」

在做菜的時候，最先進行的加工，便是使用刀子切食材。

使用鈍的刀具切的食材，不論是煮是烤，在加熱時會產生不均勻的問題。生魚片或是番茄，以鋒利的菜刀切，不僅賣相好，也不會流失多餘的水分，更容易達到「美味」。純鋼製的菜刀保養比較辛苦，推薦使用外表是不鏽鋼，內芯是鋼的款式。

「研磨缽」的選擇

研磨缽的日文發音應該叫做すりばち（suribachi），而其中的すり與偷竊すり同音，所以常被改稱為あたりばち（ataribachi）。研磨缽不僅可以研磨芝麻等東西，在做涼拌菜混合調味料時也很常用到。比起缽盆，使用研磨缽製作，材料彼此的沾附性更好。

萬中之選的「鐵製平底鍋」

鐵製平底鍋，不僅耐久性超群，保養也非常簡單。準備一個就非常方便。選擇的重點在於「重量」與「厚度」。烹調需要均勻加熱的料理，例如「牛排」等菜色，推薦「厚」的鍋具。常常使用的鐵製平底鍋不僅不容易燒焦，不單只是炒菜，也是可以用來蒸東西、烤東西的全能好物。

準備一個就等於擁有了「便利」！

在分裝液體或粉類材料到小容器時，所使用圓錐形的器具被稱為「漏斗」，材料有不鏽鋼、塑膠等。在製作「萬能醬」與「甘醋」等液體調味料裝瓶時，可以避免液體外漏，非常方便。

推薦給新手的「廚房用溫度計」

最近的瓦斯爐等也有可以定溫定時的裝置，在炸東西或蒸東西時，使用溫度計就算是新手也不容易失敗，準備一根會很方便。雖然價格有點高，不過還是推薦使用電子、具防水功能的溫度計。

第 9 章

讓料理的變化更多元

以手作「風味鮮醋」
快速完成各種健康料理！

市售「高湯＋醋」的調味料，以「實用！」「讓料理的變化更多元！」深受好評。

本章節除了原有的「5種魔法調味料」，

帶給大家額外追加的「風味鮮醋」，無添加原創製作出各種極品美味料理。

重點在這！

各食品商將其商品化，添加了柴魚高湯的風味鮮醋，以無添加的方式製作。推薦做起來常備！

各種料理都能用到的萬能醬

司先生的「風味鮮醋」

正因為是手作無添加，安心的盡情使用吧！

 5分

 only！
甘醋

材料 ※容易操作的份量

● A
甘醋 …… 100ml
「日式高湯」…… 50ml
※作法請參照 P40
醬油 …… 1又1/3大匙
檸檬汁 …… 2小匙
鹽 …… 1又2/3小匙
柴魚片 …… 1小撮

作法

1 將材料 A 放入鍋中，煮滾放入柴魚片，熄火。

2 略微降溫後以濾篩過濾，裝入容器中冷藏保存。

 做好保存
OK！
冷藏保存1個月

軟嫩鮮美的風味鮮醋煮雞中翅

以柑橘醋取代風味鮮醋也 OK！

25分

only！

風味鮮醋

材料（2人份）

雞中翅（對半切的）……8隻
白蘿蔔……4cm
胡蘿蔔……1/4根
水……100ml
風味鮮醋……100ml
醬油……1大匙
四季豆（略微汆燙過的）……2根

作法

1　將白蘿蔔切成半月形的圓片。

2　將雞翅、白蘿蔔、胡蘿蔔、水、風味鮮醋、醬油放入鍋中，蓋上蓋子後以大火加熱至沸騰，轉小火煮20分鐘。

3　等到蔬菜軟化後，打開蓋子以大火收汁，煮至湯汁晶亮。盛盤後佐以切成適當大小的四季豆享用。

重點在這！

以柑橘醋煮雞翅是廣受大家喜愛的作法，若以「風味鮮醋」烹煮會讓風味更濃郁。以醋的特性將雞肉煮的軟嫩鮮美。

重點在這！

使用蔬菜「再做一道菜」可以簡單實現！使用「風味鮮醋」讓味道更上一層樓！

重點在這！

與黃芥末很搭的「風味鮮醋」，也很適合下酒！如果要作成適合小朋友吃的，就將黃芥末省略即可。

在吃慣了的「胡麻拌菜」裡多加一味！

胡麻醋拌菠菜

就算是不喜歡蔬菜的孩子，
也會大口享用！

10分 only !
風味鮮醋

材料（2人份）

菠菜 …… 1/2把
風味鮮醋 …… 1大匙
碎白芝麻 …… 適量

作法

1 將菠菜放入加了鹽的滾水中，略微汆燙一下，以冷水降溫。擰乾水氣後，切成適當大小。

2 將風味鮮醋與白芝麻混合均勻後，與步驟1拌勻。

加了胡麻油作成中華風新口味！

中華風黃芥末茄子

很快就可以做好了！
還差一道菜時非常方便的菜色！

10分 only !
風味鮮醋

材料（2人份）

茄子 …… 2條
● 黃芥末風味醬
　風味鮮醋 …… 1大匙
　胡麻油 …… 1小匙
　黃芥末醬 …… 適量
　大蔥(切末) …… 3cm

作法

1 將茄子的蒂頭切下後，縱切對半切開，再切成長條狀。

2 放入蒸籠蒸5分鐘。將黃芥末風味醬的材料混合均勻。

3 裝盤，茄子趁熱淋上黃芥末風味醬。

以手作「風味鮮醋」快速的完成各種健康料理！

重點在這！

使用「風味鮮醋」，讓平時吃慣的清爽涼拌刺身，油醋味道更豐富。

以「風味鮮醋」做出新鮮的「和風西餐」！

清爽的
涼拌生魚片油醋

「風味鮮醋」與橄欖油也很搭！

 5分

only！

風味鮮醋

材料（2人份）

白肉魚（鯛魚等）生魚片……2人份
小番茄……4個
● 淋醬
　風味鮮醋……1大匙
　橄欖油……1大匙
　黑胡椒……適量
巴西利（切末）……適量

作法

1 將小番茄切成4等份。

2 將淋醬的材料混合均勻。

3 將生魚片排放於盤子上，淋上淋醬，放上小番茄與巴西利裝飾。

第 **10** 章

一次做好常備、最佳的配菜！

「保存料理與常備菜」配方

不論是搭配主菜或者作成配菜，「還想要多一道菜時」都非常好用的常備菜色。
利用一點點空檔就可以快速完成，備好就會很方便的這些常備菜，
在此一併介紹給大家！
這是利用剩餘的食材，讓材料可以美味享用到最後的各種創意食譜。

讓曾經丟棄的食材變身為驚人的美味！

取完高湯後的省時佃煮

材料

P40「日式高湯」煮完之後
　　剩下的昆布與柴魚 …… 約10g
萬能醬 …… 2大匙
味醂 …… 1小匙
炒過的白芝麻 …… 適量

5分　萬能醬　only！

可以冷藏保存1個月

作法

1　將煮完高湯之後剩下的昆布與柴魚放入鍋中。
2　加入萬能醬、味醂放入鍋中，以中火一邊拌炒一邊
　　加熱至水分炒乾。約5分鐘。最後加入白芝麻拌勻。
3　略微降溫後，放入保存容器內，以冷藏保存。

下飯下酒兩相宜！

簡單做山椒魩仔魚

材料

魩仔魚乾（乾燥的）…… 30g
萬能醬 …… 2大匙
山椒實（水煮）…… 適量

5分
※不含冷藏室
的時間　萬能醬　only！

可以冷藏保存3個月

作法

1　將魩仔魚乾、山椒實、萬能醬裝入夾鍊袋中混合均
　　勻，壓出空氣後密封。
2　靜置於冷藏室中一晚，如果水分很多就以濾網濾除，
　　靜置於鋪上烘焙紙的調理盤上攤開。
3　直接放入冷藏室中乾燥一晚完成。

超越市售品的美味

絕品佃煮海苔

材料

壽司用海苔片（或調味海苔）……5片
酒……50ml　　　熱水……100ml
萬能醬……3大匙　　味醂酒……2大匙

15分　萬能醬 + 味醂酒 only！

冷藏可保存
2週

作法

1 將熱水、酒與剝成小塊的海苔放在缽盆中，將海苔
泡濕。

2 將海苔擰乾水分後與萬能醬、味醂酒放入鍋中，以大
火一邊攪拌一邊煮成糊狀，大部分的水分蒸發後，以
刮刀混合至可以見到鍋底左右的稠度後，轉小火。

3 等到水分差不多都乾了，海苔開始冒泡後熄火，以鹽
（份量外）調味。

4 加入少量的萬能醬（份量外）增加香氣，等待略微降
溫，裝入保存容器中。

以冷藏就能製作令人歡喜的下飯菜

即席醃脆蘿蔔

材料

白蘿蔔……100g
　（3～4cm左右）
● 浸漬液
　醬油……2大匙
　甘醋……2大匙

15分　※不含乾燥與
熟成時間　甘醋 only！

冷藏可保存2週

作法

1 將白蘿蔔帶皮切成2mm左右的1/4圓片。

2 將步驟1的白蘿蔔放入缽盆中，撒上1小匙左右的鹽
（份量外）靜置10分鐘。

3 將步驟2以水略微清洗後瀝乾，攤平在調理盤上，置
於冷藏室3天乾燥。

4 將步驟3與足以浸泡白蘿蔔的浸漬液，放入夾鏈袋中。

5 置於冷藏室中浸泡一晚，瀝乾湯汁後撒上白芝麻（份
量外）。

只當成壽司的配菜就太可惜了

手作鹽薑片（壽司薑）

材料

生薑 …… 100g
甘醋 …… 適量
水 …… 500ml
鹽 …… 1大匙

20分
※ 不含冷藏
時間

only!
甘醋

冷藏可保存1個月

作法

1 將生薑去皮後儘量切成薄片，放入加了鹽沸騰的水中氽燙一下。
2 以濾網撈起後瀝乾水分。
3 略微降溫後放入夾鏈袋中，加入可以浸泡薑片的甘醋。
4 靜置於冷藏室中一晚，瀝乾多餘水分。

重點在這！

充分感受生薑風味，就算是
單獨吃也是非常棒的一道菜！

濃郁的酸味大受好評！

紅白柚子蘿蔔

材料

白蘿蔔 …… 100g
紅蘿蔔 …… 30g
冷凍柚子皮 …… 適量
　※ 作法請參照右頁
昆布絲 …… 適量
甘醋 …… 適量

10分
※ 不含冷藏
時間

only!
甘醋

冷藏可保存1週

作法

1 將紅白蘿蔔切片，切成適當的大小。
2 將步驟1與昆布絲、柚子皮放入夾鏈袋中，加入可以蓋過所有材料的甘醋，擠出空氣。
3 靜置於冷藏室中20～30分鐘完成。

重點在這！

賞心悅目，
也能用在年菜上！

重點在這！

這是最棒的！平時都被丟掉的
白蘿蔔葉活用法！

作成菜飯也很受歡迎！

鮮綠白蘿蔔葉

材料

白蘿蔔葉……1條份
鹽……1大匙

10分

冷凍可保存半年

作法

1 準備1L的水放入鍋中，加入2大匙鹽，煮沸。
2 將蘿蔔葉的莖摘除，盡量的切成極細的碎末，將切碎的蘿蔔葉以有柄的濾網放入鍋中，等到鍋中的水再度沸騰後撈起。
3 將撈出的蘿蔔葉略微降溫後，確實擰乾水分。
4 平底鍋熱鍋，放入蘿蔔葉以木杓拌炒至炒乾水分，炒至鬆散完成。

替料理增加高雅的香氣

柚子皮的冷凍保存

材料

柚子……適量

5分　冷凍可保存半年

作法

1 將柚子皮以菜刀盡可能的片除內囊白皮，一部份切成便於使用的細絲，比較大的部分可以磨成泥使用。
2 將切好的柚子皮不重疊的攤放在鋪有烘焙紙的調理盤上，冷凍。
3 將冷凍好的柚子皮裝入夾鏈袋中冷凍保存。

容易變質的生薑，只需這樣做就 OK！

冷凍生薑片

材料
生薑……50g

5分　冷凍可半年

作法

1 帶皮的生薑切成2～3mm薄片，不重疊的攤平在鋪有烘焙紙的調理盤上，冷凍。
2 將冷凍好的生薑片裝入夾鏈袋中冷凍，使用時僅需取出所需的份量。

冷凍的生薑也可直接磨成泥，比起新鮮的生薑，冷凍的纖維更容易被破壞，有助於擠出薑汁。

可以只拿需要的份量非常方便！

冷凍帶皮大蒜

材料
大蒜……適量

5分　冷凍可保存半年

作法

1 將大蒜分成一瓣一瓣，將上下切除便於日後取用，帶皮直接冷凍。

真正美味
的料理，
可以豐富我們的人生

回到「原點」，
希望大家可以深刻體會「食」的重要

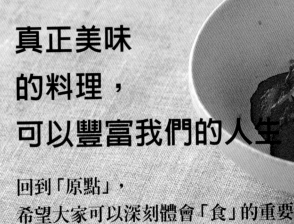

「『飲食』的混亂，就會造成『餐桌』的混亂，『餐桌』的混亂就會造成『社會』的混亂，而『社會的混亂就會造成『國家』的混亂」

我在『恐怖的食品添加物』書中曾寫過，而這個想法至今未曾改變。

不確定大家是否知道，日本的食品存在著許多無法「輸出至世界各國」的事實。

例如廣泛被用在製造日式高湯粉與調理塊中的「水解蛋白（Hydrolyzed protein）」。這是由脫脂大豆等以鹽酸分解後，提取其中鮮味的物質。

「水解蛋白」在日本並未被認定為食品添加物，亦無使用基準。但是在國外卻因為含有致癌疑慮的氯丙醇（Chloropropanols）類，而被規範並設有殘留標準。

理所當然的使用這類東西，是日本食品加工業的現狀。

進一步說「化學調味料」（鮮味劑）則是使用基因改造的細菌製造。納豆或零食等的原料標示中，就算消費者會避開「使用基因改造原料食品」來購買，但這部分並未被要求標示，是不是因此而成了盲點。

「日本的食安」正在崩壞

『恐怖的食品添加物』並不是一本指責食品添加物有多危險的書。這本書對於我來說，最初真正想要闡述的是「日本的飲食正在崩壞」這件事。

從書熱賣開始，至今已經過了15年，日本的食安有變得安心、安全嗎？完全沒有這回事，只能說食安筆直的通往崩壞一途。

如同我在「序言」中寫到，一般家庭對於動手作料理，越來越敬而遠之，便利店的外賣便當、現成的熟食，理所當然的被接受。超市自創品牌的真空包、便利包更是大熱門的商品。而隨著新冠肺炎疫情的影響，「在自己家裡吃飯」激增的現今，這樣的傾向更有顯著的成長

在網路上盛行的「省時料理食譜」大多數都使用「○○素」，或以微波爐就可以做好的菜色。

而使用微波爐的調理方法，並不是使用「餐具」，而是「夾鏈袋」這點，讓我十分震驚。而夾鏈袋最近還有「立體的款式」，也就是直接可以上桌吃，「不需要使用餐具」。

我所認識的料理研究家表示，就算是人氣的料理研究家所開設的料理教室，如果不使用高湯粉或調理塊，就無法吸引學生。

如同本書協助製作食譜餐點的中村隆子老師一般，不使用高湯粉這樣的料理家，變成了少數。

我真的想問問每一位「料理界的專業人士們」，「身為一個料理專業人，推廣這些以具有致癌物質、基因改造原料細菌製成的高湯粉是怎樣的想法」。

「便利的食品」背面所隱藏的魔法

我在『恐怖的食品添加物』中也提到，「便利的食品」就隱藏著下列的「魔法」。

☑ 便宜（→使用符合這個價格的材料，以工業用的調味料大量生產出單一的味道」

☑ 美味（→大量的油脂、鹽分、糖分、化學調味料與各種萃取物）

☑ 簡單、便利、只需要微波加熱（→防腐劑、真空、冷凍食品）

☑ 外表好看（→色素、發色劑、增豔劑）

只要使用食品添加物，不管是多「便利」多「美味」多「外表好看」的食品，都能「便宜」的做出來。

而這些加了許多食品添加物的「加工食品」，一直持續食用會發生什麼事呢？

根據2018年法國、巴黎13大學的研究論文資料顯示，得到「加工食品」攝取過量，致癌機率會大幅增加的結論。

過度依賴加工食品，不僅是自己，連最重要的家人健康，不就如同擁抱著風險嗎？

而比起其他都還更重要的是，這些食品都是「作假的味道」。**食材本身的美味，以料理技術所創造的『真實的味道』根本不存在。**

那麼，我們到底該吃什麼才好？我個人認為，**最能讓人信任的莫過於，在這片土地上居住的民族，為了在此風土氣候中生存，經過了幾百年歲月所培育出來的「傳統飲食」。**

試想看看，有什麼能比**經歷了數百年「龐大的人體實驗」**的這件事，**更能證明它的安全性。**

重新檢視「日式家常菜」的時候到了

所謂**日本的傳統飲食莫過於「日式家常菜」。**

重視四季多樣的食材，活用它們所烹調製作的「日式家常菜」，常提到與提升免疫力，創造健康的身體有關。而**「使用大量蔬菜」的菜色，更是日式家常菜的最大優點。**好像沒有其他國家，像日本這般有著種類繁多的蔬菜。

伴隨著新冠疫情「重新檢視飲食生活」成了重要課題的現今，我認為**當下**

正是應該要重新評價日式家常菜的優秀之處。然後不僅要把「日式家常菜」的美好讓日本人知曉，是不是更應該讓世界上其他地方的人也明瞭。

我自己每日的餐點，以一汁三菜的「日式家常菜」為基礎。每餐都會攝入當季的有機蔬菜5種，盡可能安排糙米與蔬菜。

這樣的飲食生活持續了20年，在這期間我從來不曾感冒過任何一次，也不曾想過「今天想吃點別的東西」。

日本人對於「日式家常菜」，是不是有著深藏在基因中的反應呢？實際上，我在演講會或食育活動時，看見孩子們大口品嚐味噌湯，或以傳統調味料調味的蔬菜、鹿尾菜、蘿蔔乾的樣子，我總會深刻的感受到「日式家常菜」正是深植日本人DNA之中，非常重要的飲食文化。孩子們的舌頭非常敏感，就算是日常吃慣了以食品添加物，或使用化學調味料調味食品的孩子，只要曾經吃了「真正的味道」，也一定會說「這個才是好吃的」。

雖說如此，習慣了以食品添加物調出「濃郁味道」的孩子（大人也是），突然間改變調味的方法，還是會說「味道變淡了，不好吃」這樣的話，持續遞減高湯粉的份量，是訣竅。

就算貴了那麼一點點
還是想吃「安心、安全的
食物」！

20年前左右，我曾任JAS有機蔬菜的判定人員。

在那裡我所經歷的是，不論多苦、多難，不顧一切培育出來的蔬菜賣不完，沮喪的捨棄有機農法的農家們。

許多人並不知道，遵守日本的傳統製造方法，一路上以職人的經驗與直覺生產味噌或醬油的作坊，一間接著一間消失。

為了配合大量生產，依賴品種改良的種籽與農藥的蔬菜，使用食品添加物在短時間之內可以完成的調味料，的確是「便宜」「方便」。這些產物取代了耗時費工才能製作完成的商品。

對「再這樣下去不行！」感到非常強烈危機感的我，每次演講時，一定會強調有機蔬菜與傳統調味料的優點，也會舉辦專題講座。在這些場合中，有將近8成的人表示「就算價格稍微高一點，但還是想要令人安心、安全的蔬菜與調味料」。

但是在另一方面，也有著「如果這些都需要『親手作』，不但沒有時間也覺得麻煩……」這樣想法的人也很多，這些聲音也是多數人最真實的想法不是嗎？

針對這些聲音所做的回應，就是這本書「省時、簡單、便利，然後安心、安全」，針對所有需求，匯集我個人48年間的所學，就是本書中所介紹的這些食譜。

而在價格方面，使用蔬菜與基本的調味料，只要是自己動手作，意外的價格很便宜。如果是使用有機蔬菜製作，也有不少還是比做好的市售熟食更划算。

正因為「沒效率」
才有「家庭的味道」

可以實現「省時、簡單、方便、還有安心、安全」的5種「魔法調味料」，或許還是有人會覺得，連製作它們都費工，做好之後還要熟成…。的確，如果跟買回來微波，打開就可以吃的真空食品相比，或許的確是「費事」。

但是，抱著就算是被騙也好的心情，也請務必試做一次看看。以5種的「魔法調味料」其中之一，嘗試做做看。我推薦可以先從「萬能醬」開始嘗試，如果看了112頁的「調味料索引」應該會發現，就算是只準備了「萬能醬」，也有許多菜色可以選擇。

當孩子們說「好好吃！」臉上露出笑容時，就不會感到費事，「再多做一些」的動力也會提高。一旦有了感動的感覺就不會覺得費事麻煩，料理也將變得有樂趣。

只要開始了這樣的飲食生活，就再也回不去使用「○○素」的日子。在這個凡事講求合理、省時的時代，「沒效率」正是家的味道，家庭料理的美好。

最後……

　此書是我花了15年的時間，以我振筆疾書般記錄下的龐大筆記為基礎，為了成就此書，非常理解我的料理家—中村隆子老師，更是對我鼎力相助。

　不論是對於料理的絕妙改良，與擺盤上所投注的心血，中村隆子老師更是有著無窮的點子，我非常非常感謝她。

　仔細用心的對待料理，家人們的健康與內心的豐盈，會產生巨大的變化。正因為每天都是如此忙碌，所以才更希望能夠多花一點心思瞭解飲食的重要。

　如果這本書可以成就這一點，我真切的感到無比的快樂。

2021年8月　安部 司

安部先生花了15年以上的時間
所累積龐大的手寫筆記

培養喜愛「日式家常菜」的心

安部司先生與我的共同心願，就是「自己動手做料理」這件事。

司先生長年宣導著食品添加物的危險性。如果想要避開食品添加物，最快的方法就是自己動手料理。

這也是通往無添加物飲食生活最快速直接的方法。

既「簡單」又「便利」、還「便宜」並顧及「安全」，市場上販售的商品，絕對做不到。

這就是所謂「便宜的東西」一定有 "原因"；而「高價的東西」也有其 "道理"。

而司先生與我終於成就的，便是 5 種「魔法調味料」。

只要有這些，既簡單又方便、便宜又安全，而比起這些更好的是－「美味」這個最佳的附加價值。

我在一開始也覺得「不論是味醂酒、又或者是甘味噌、洋蔥醋什麼的應該不需要吧」。畢竟在烹調過程中，將這些材料混合也不算費事。但是照著司先生所言，事先作起來常備，就會開始覺得「唉呀～真是方便啊」。

我是在割烹料理店長大的，自小就最喜歡「日式家常菜」。

沒有什麼能比「日式家常菜更貼近日本人的飲食或生活。」

我覺得每天就算都吃白飯、味噌湯與雞蛋也不會吃膩。

我覺得「吃不膩＝適合自己的身體」。

這樣的「日式家常菜」現在不被年輕世代所接受，會不會就被淘汰了？對這件事產生了危機感。

「日式家常菜＝費事」我認為絕對沒有這樣的事。

我覺得應該是板前師傅所做的日本料理，在媒體的傳播之下，大眾將其與家庭料理混為一談，讓「日式家常菜」的難度提升。

當你感到疲累的時候、心情感到沮喪時，喝一碗味噌湯，是多麼的能夠滲透到身體的每一個細胞，讓人感到被治癒。

5種「魔法調味料」省去了料理的手續，讓「日式家常菜」成為最容易親近的料理。

希望在下一個世代，「日式家常菜」可以更輕鬆融入日常的生活中。

2021年8月　中村 隆子

調味料索引

甘味噌＋味醂酒 製作的菜色！

洋蔥醋＋萬能醬 製作的菜色！

萬能醬＋甘醋 製作的菜色！

萬能醬＋甘味噌 製作的菜色！

洋蔥醋＋甘味噌 製作的菜色！

甘味噌＋甘醋 製作的菜色！

洋蔥醋＋甘醋 製作的菜色！

洋蔥醋＋味醂酒 製作的菜色！

萬能醬＋甘味噌＋味醂酒 製作的菜色！

萬能醬＋甘酢＋味醂酒 製作的菜色！

甘醋＋洋蔥醋＋萬能醬 製作的菜色！

調味料索引

調味料索引

食材索引

調味料索引

Easy Cook

自製無添加的「魔法調味料」短時、美味又安心的絕品料理102道

作者 安部司　料理 中村隆子

翻譯 許孟菡

出版者 / 大境文化事業有限公司　T.K. Publishing Co.

發行人 趙天德

總編輯 車東蔚

文案編輯 編輯部

美術編輯 R.C. Work Shop

台北市雨聲街 77 號 1 樓

TEL：(02) 2838-7996　　FAX：(02) 2836-0028

法律顧問　劉陽明律師 名陽法律事務所

初版日期 2022 年 8 月

定價 新台幣 380 元

ISBN-13：9789860636970　　書　號　E126

讀者專線 (02)2836-0069

www.ecook.com.tw

E-mail service@ecook.com.tw

劃撥帳號 19260956 大境文化事業有限公司

請連結至以下表單填寫讀者回函，將不定期的收到優惠通知。

自製無添加的「魔法調味料」
短時、美味又安心的絕品料理102道
安部 司 著 / 中村隆子 料理
初版 . 臺北市：大境文化
2022 120 面；19×26 公分（Easy Cook 系列；126）
ISBN-13：9789860636970
1.CST: 食譜　2.CST: 調味品
427.1　　　　　111009816

【協力】
タカコナカムラホールフードスクール
【料理協助】
木內康代 / 門之園知子
【攝影協力】
UTUWA(Tel 03-6447-0070)
設 計　櫻井愛子
攝 影　佳川奈央
造 型　二野宮友紀子